U0244212

浙江省高校人文社科攻关计划项目"生态治理与'绿水青山就是金山银山'转化机制研究"（2021G H009）

湖州市社科联与湖州师范学院"两山"理念研究院联合课题"浙江乡村践行'绿水青山就是金山银山'理念典型样本研究"（LSY2208）

湖州师范学院可持续发展研究院2024年度预研课题"'自然生态化'转化基础与实践路径研究"（LSY2404）

绿水青山就是金山银山：

理论与实践

侯子峰　张丹露◎著

LÜSHUI QINGSHAN JIUSHI JINSHAN YINSHAN:

LILUN YU SHIJIAN

中国财经出版传媒集团

经济科学出版社
Economic Science Press

·北京·

图书在版编目（CIP）数据

绿水青山就是金山银山：理论与实践／侯子峰，张
丹露著 . -- 北京：经济科学出版社，2024. 12.
ISBN 978 - 7 - 5218 - 6512 - 7

Ⅰ. X321. 2

中国国家版本馆 CIP 数据核字第 2024CC6019 号

责任编辑：于　源　侯雅琦
责任校对：杨　海
责任印制：范　艳

绿水青山就是金山银山：理论与实践

侯子峰　张丹露　著

经济科学出版社出版、发行　新华书店经销

社址：北京市海淀区阜成路甲 28 号　邮编：100142

总编部电话：010 - 88191217　发行部电话：010 - 88191522

网址：www. esp. com. cn

电子邮箱：esp@ esp. com. cn

天猫网店：经济科学出版社旗舰店

网址：http://jjkxcbs. tmall. com

北京季蜂印刷有限公司印装

710×1000　16 开　14. 25 印张　202000 字

2024 年 12 月第 1 版　2024 年 12 月第 1 次印刷

ISBN 978 - 7 - 5218 - 6512 - 7　定价：62. 00 元

（图书出现印装问题，本社负责调换。电话：010 - 88191545）

（版权所有　侵权必究　打击盗版　举报热线：010 - 88191661

QQ：2242791300　营销中心电话：010 - 88191537

电子邮箱：dbts@ esp. com. cn）

前言
PREFACE

一、选题背景

在当今世界，生态环境问题已经是一个巨大的社会问题，严重影响到了人们的生产生活。从大气、水、土壤的污染到全球气候变暖，从冰川融化到物种灭绝，从食品安全到垃圾围城，从新冠疫情到某国向海洋倾倒核污染水……所有这一切都在提醒我们，生态危机离我们并不遥远，它就在我们身边！虽然，久经危机易使人麻木，以至于有时甚至忘却了危机的存在，但是我们必须保持足够的清醒去认识、改变一切影响人类社会生存与发展的事情。

然而，生态问题不仅是环境治理问题，还是经济发展问题：在经济发展和环境保护之间保持适宜的平衡确实是一个世界性难题。党的十八大以来，我国生态环境发生历史性、转折性、全局性变化。理论上和实践上形成的一系列重要成果需要归纳总结。这既是为了更好地服务于我国的生态文明建设，也是为世界其他国家更好地开展生态文明建设、推动绿色发展、实现社会公平正义提供中国智慧与方案。

因此，"绿水青山就是金山银山"理念的提出与践行不仅具有本国意义，而且具有世界性理论与实践意义。就我国而言，"绿水青山就是金山银山。这是重要的发展理念，也是推进现代化建设的重大原则。"[①] 就世界而言，习近平总书记在多个公开场合宣传该理念，2016 年联合国环境规划署发布了《绿水青山就是金山银山：中国生态文明战略与行动》，表明以

---

① 习近平.论坚持人与自然和谐共生［M］.北京：中央文献出版社，2022：10.

"绿水青山就是金山银山"为导向的中国生态文明战略为世界可持续发展理念提升提供了"中国方案"和"中国版本"。① 遗憾的是，很多人对其伟大真理力量的理解还不够深，这影响了生态文明实践活动的开展或生态文明实践成效的发挥。本书以"绿水青山就是金山银山"为对象展开理论与实践研究，希望能为马克思主义生态理论、马克思主义政治经济学和社会主义生态文明三者的建设提供有益的参考资料。

二、概念释义

从理论上来说，"绿水青山就是金山银山"有狭义和广义两种解释。

在狭义上，"绿水青山就是金山银山"指的是生态环境蕴藏着丰富的经济财富。在这里，"绿水青山"是指优美的生态环境。《习近平关于社会主义生态文明建设论述摘编》第 23 页指出："如果其他各方面条件都具备，谁不愿意到绿水青山的地方来投资、来发展、来工作、来生活、来旅游？""金山银山"是指丰厚的或大量的经济财富。在《之江新语》第 186 页，习近平总书记指出："第三个阶段是认识到绿水青山可以源源不断地带来金山银山，绿水青山本身就是金山银山，我们种的常青树就是摇钱树，生态优势变成经济优势，形成了一种浑然一体、和谐统一的关系。"从"摇钱树"这个暗喻可以看出，"金山银山"指丰富的经济财富，绿水青山向金山银山的转化就是把优美的生态环境转变为丰厚的经济财富。《之江新语》第 153 页指出："如果能够把这些生态环境优势转化为生态农业、生态工业、生态旅游等生态经济的优势，那么绿水青山也就变成了金山银山。"我们可用"保护生态环境就是保护生产力，改善生态环境就是发展生产力"② 来解释"绿水青山就是金山银山"理念的含义。易见之，在"绿水青山就是金山银山"的狭义解释中，绿水青山与金山银山的关系是生态环境与经济发展之间的关系。关于这一点亦有明确文本证据，如《习近平关于社会主义生态文明建设论述摘编》第 22 页："正确处理好生态环境保护和发展的关系，

---

① 王金南，苏洁琼，万军. "绿水青山就是金山银山"的理论内涵及其实现机制创新[J]. 环境保护，2017（11）：13 – 17.

② 习近平. 论坚持人与自然和谐共生［M］. 北京：中央文献出版社，2022：63.

也就是我说的绿水青山和金山银山的关系。"另外，2020 年习近平总书记在安吉余村调研时明确指出："生态本身就是一种经济。"①

在广义上，"绿水青山就是金山银山"反映的是人与自然的和谐、经济与社会的和谐。《之江新语》第 186 页："我们追求人与自然的和谐、经济与社会的和谐，通俗地讲，就是要'两座山'：既要金山银山，又要绿水青山。"亦可见《之江新语》第 153 页："我们追求人与自然的和谐，经济与社会的和谐，通俗地讲，就是既要绿水青山，又要金山银山。"

三、本书的框架结构

本书主体内容包括九章。

第一章阐述了"绿水青山就是金山银山"理念的时代背景、理论渊源和发展历程。全球性的生态危机、国内生态问题凸显和可持续发展成为国际共识是"绿水青山就是金山银山"理念产生与发展的时代背景，而马克思主义生态观、中华优秀传统生态文化和生态学理论是其产生的理论渊源。"绿水青山就是金山银山"理念的发展历程分为：萌芽到正式提出（1997～2005 年）、理论发展（2006～2016 年）和理论成熟（2017～2023 年）三个阶段。

第二章～第六章探讨了关于"绿水青山就是金山银山"的相关理论。其中第二章～第四章的"三论"（即"生态制度论""生态治理论""生态民生论"）探讨了如何实现人民所期待的"绿水青山"；第五章～第六章的"二论"（即"生态经济论"和"生态转化论"）探讨了如何获得"金山银山"。具体来说：第二章阐释了"运用最严格的制度最严密的法治来保护好生态环境"的相关观点；第三章探讨了如何运用系统工程思路开展生态环境保护建设，其中也探讨了作为系统工程思路开展生态环境保护重要理论内容之一的"山水林田湖草生命共同体"理念及其应用；第四章阐述了"生态民生"何以可能及其解决之道；第五章探讨了发展绿色经济总的思路（绿色循环低碳发展）及抓手（新发展理念）；第六章探讨了如何实现

---

① 人民网．人民日报新知新觉：统筹推进生态保护和经济发展［EB/OL］．（2020－07－02）．http：//gz. people. cn/GB/n2/2020/0702/c222174－34128474. html.

"两座山"高质量转化问题及绿水青山向金山银山转化的典型城乡范式。

第七章阐述了"绿水青山就是金山银山"理念践行的浙江经验。因为浙江是"两座山"理论的诞生地、践行的样板地模范生，所以有必要详细阐述"绿水青山就是金山银山"理念在浙江的践行历程、取得的成效和获得的基本经验。本书认为，其基本经验体现在四个方面：坚持党在生态文明建设中的统一领导；坚持绿色发展与生态文明建设的统一；坚持绿色价值实现与共同富裕的统一；坚持因地制宜、步步为营、久久为功。本章第三节介绍了"两座山"转化的一些典型案例。

第八章阐述了"绿水青山就是金山银山"理念在福建、贵州、江西、河北、山西等地的践行，特别是尝试在阐述其基本做法的基础上展示其经验。本章第二节选择的三个案例是全国践行"绿水青山就是金山银山"理念的典型案例，它们具有一些共性：原来的生态环境较差，但都通过人民艰苦卓绝的奋战改变了其面貌，精神极其感人；都体现了因地制宜、步步为营、久久为功做好生态文明建设的经验，以及把生态环境保护与社会经济发展（绿色发展）结合起来的原则。

第九章阐释了"绿水青山就是金山银山"理念践行效果的评价。此部分介绍了"绿水青山就是金山银山"理念践行效果评判的省级和县级标准；阐述了关于绿色发展与生态产品价值核算的三个指标：绿色 GDP（GGDP）、生态系统生产总值（GEP）和经济生态生产总值（GEEP）。本章既有核算评价理论也有评价核算结果展示，以便加深人们对相关评判标准的理解。

目录
CONTENTS

第一章

"绿水青山就是金山银山"
理念的历史生成

"绿水青山就是金山银山"理念的产生与发展有着一定的历史背景和理论渊源。全球性的生态危机、国内生态问题凸显以及可持续发展成为全球共识是"绿水青山就是金山银山"理念生发的三个主要历史背景；而马克思主义生态观、中华优秀传统生态文化和生态科学理论是"绿水青山就是金山银山"理念的三大理论渊源。时代背景和理论渊源分别构成本章的前两节内容。"绿水青山就是金山银山"理念从提出到发展成熟经历了一段较长的历史时期，关于这一点，我们在本章第三节予以介绍。

第一节 "绿水青山就是金山银山"理念产生的时代背景

一、全球性的生态危机

第二次世界大战后，各国经济以较快速度恢复发展，进入新的历史发展阶段。美国在二战后经济发展迅速，工业繁荣，人民生活水平提高，成为世界超级大国。西欧各国经济在美国的支持下得到恢复和发展，且在生产生活的许多领域堪与美国争雄。日本经济在美国的支持下也得以高速发展，并且逐渐超过苏联，成为世界上经济总量第二大的国家。世界经济逐渐由二战后美国一家独大，到进入 20 世纪 70 年代形成美、欧、日三足鼎立的状态。

在经济快速发展的同时，发达经济体传统生产方式导致了日益严重的生态问题。其中最引人注目和发人深省的是一些国家的环境公害事件频发，这些公害事件中具有代表性的有：1943～1970年美国数次发生的光化学烟雾事件、1948年美国多诺拉烟雾事件、1952年英国伦敦烟雾事件、1956年日本水俣病事件、1955～1972年日本富山县骨痛病事件、1955～1979年日本四日市硫酸烟雾事件、1968年日本北九州市米糠油事件等。这些骇人听闻的公害事件严重影响了人民群众的身体健康和生产生活。比如，1952年英国伦敦烟雾事件造成当时的伦敦居民胸闷、窒息，直接导致多达4000人死亡。再如，在日本富山县骨痛病事件中，受事件影响的许多患者浑身关节疼痛，骨骼软化萎缩，最后饮食都极为困难，在疼痛中去世。大量调查结果显示，频发的公害事件是由工业污染所导致。1949年9月，洛杉矶市长鲍伦就本市多次爆发烟雾事件愤愤地说："洛杉矶的烟雾确实很糟，但错不在城市管理部门。这两年并没有取得明显改善，人们有权知道为什么……烟雾，尤其是刺痛眼睛的烟气，是工业生产所致。这一点毋庸置疑……难道这些真正的违法者企业财力就如此之大，以至于有些人不敢用法规去规范它们吗？"①

1962年蕾切尔·卡逊《寂静的春天》的发表和1972年非正式组织罗马俱乐部提出"增长的极限"，引发世界哗然。卡逊女士在她的书中指出，资本主义农业为了减少病虫害以及增加谷物的产量在农田中大量使用滴滴涕（DDT）严重破坏环境并损害人类健康。起初，使用剧毒农药是为了清除杂草和害虫，但由于这些农药成分极难分解，会流到水域（地下水和河流），最终让人承受其害（通过饮水或吃鱼，这些农药成分会进入人的体内）。卡逊女士认为，许多杀虫剂是有致癌性的，有的可以破坏身体的免疫系统。因而卡逊女士建议，人们一定要审慎地活动，即使要改造自然也要注意改变自然的程度不可过于剧烈。1972年，罗马俱乐部出版了《增长的极限——罗马俱乐部关于人类困境的报

---

① ［美］奇普·雅各布斯，威廉·凯莉. 洛杉矶雾霾启示录［M］. 曹军骥，等译. 上海：上海科学技术出版社，2014：37.

告》。该书认为，人口、工业增长、粮食需求、不可再生资源的消耗、污染等是呈指数增长的，而地球的资源是有限的，这种无限发展、无限消耗和有限资源之间的内在矛盾会使人类不得不面临"增长的极限"。罗马俱乐部认为，人们必须反思和改变传统的思维习惯和行为方式，否则人类社会有可能走向崩溃（即人类生活变得"凄凉"和"枯竭"）。

越来越严重的生态危机以及人们生态意识的觉醒迫使美欧日等发达经济体出台一系列法律法规引导绿色生产、绿色生活，致使发达经济体加大环境治理力度。经过长期努力，发达国家环境质量趋于好转甚至达到较好的水平。以日本为例，在 20 多年的公害污染治理过程中，通过民众积极参与、地方政府积极推动、企业积极应对、政府立法发挥作用等努力改善了生态环境，并形成了产业与环境双赢的局面。[①]

就全球观之，环境状况不仅没有好转而且还在趋于恶化。虽然发达经济体通过自身的国家环保立法、企业制度约束、人民环保配合，使得生态环境有了质的改善，但是他们人均消耗的资源相较于世界平均水平来说还是太多。他们的生活方式不够绿色，用布兰德的话说，他们在以一种"帝国式生活方式"生存。北方发达国家的生活方式之所以是"帝国式的"，是它对全球的资源、空间、领土、劳动力的无限占用，以及把其他国家与地区当作污水池来占用，而这又得到政治上、法律上的和/或借助暴力手段的保障。大都市的生产力繁荣发展基于一个非常有利于北方发达国家的世界资源系统。福特主义时期的巨幅增长依赖于对自然资源的大量消耗，包括不断增长的煤炭、石油和全球污水池。美国在军事和政治上的支配地位确保了全球政治的相对稳定，这也反映在安全获取廉价资源（如石油）上。[②]

就目前来看，人类对地球的索取已经超过了其自身可以承受的程度。地球自身正常的物理、化学、生物的运作已经受到严重威胁。森林

---

① 孟健军. 城镇化过程中的环境政策实践——日本的经验教训 [M]. 北京：商务印书馆，2014：30.

② ［德］乌尔里希·布兰德，马尔库斯·威森. 资本主义自然的限度：帝国式生活方式的理论阐释及其超越 [M]. 郇庆治，等编译. 北京：中国环境出版集团，2019：12.

锐减、沙漠扩大、土地退化、淡水匮乏、空气污染与臭氧层破坏、酸雨肆虐、垃圾泛滥、能源危机、温室效益加剧、海洋资源破坏、自然灾难增加、生物多样性减少、有毒化学品污染等生态环境问题越来越成为全球性问题。在过去的 50 年里，人们严重破坏了所居住的蓝色星球的整体性，并对人类自己的永续发展构成了威胁。工业革命的生活方式已对自然系统造成了巨大破坏，这主要是因为对化石燃料的无节制开采以及大量的毁林行为。今天大气中聚集的温室气体浓度超出了冰期之前的任何时候，极端天气在全球范围内越来越频繁：洪水、热浪、干旱和飓风等。世界上一半的热带雨林已然消失，而剩下的则以每年 1200 万公顷的速度在消失。以目前的速度，10 亿公顷的土地——这相当于整个欧洲的面积——将在 40 年内消失。在过去 50 年里，哺乳动物、爬行动物、两栖动物、鸟类和鱼类的数量平均下降了 60%。有学者认为，我们正在经历第六次物种大灭绝。最近的研究显示，有 12% 的现存物种正在受到威胁。海洋已经吸收了超过 90% 的我们过去 50 年里所产生的额外热量，世界上一半的珊瑚礁已经灭亡。北极夏季的海冰有反射能力，能帮助稳定全球的温度，现在这些海冰正在迅速减少。从大陆冰架上消融的海冰使海平面上升了 20 多厘米，大量的海盐倒灌进蓄水层；风暴潮恶化，严重威胁着低海拔岛屿。简言之，过去 50 年，我们直接把人类和地球从友好的全新世拉到了人类世。① 世界自然基金会的研究数据显示，当今人们对地球的索取已经超过其供给能力的 50%。生态的恶化已威胁到地球和人类的安全。以温室效应加剧为例，联合国政府间气候变化专门委员会（Intergovernmental Panel on Climate Change，IPCC）报告阐述了气候变化所带来的八大灾难性风险，并提出气候变化已经不是未来的挑战，而是眼前的危险。② 研究数据显示，近一百年来全球气温

---

① ［哥斯］克里斯蒂安娜·菲格雷斯，［英］汤姆·里维特－卡纳克. 我们选择的未来——"碳中和"公民行动指南［M］. 王彬彬，译. 北京：中信出版社，2021：4－5.
② 中国长期低碳发展战略与转型路径研究课题组，清华大学气候变化与可持续发展研究院. 读懂碳中和——中国 2020－2050 年低碳发展行动路线图［M］. 北京：中信出版集团，2021：序言 XI.

逐步升高，2022 年夏季全球多个国家出现 40 度以上甚至 50 度左右的高温，持续的高温导致欧洲数千人死亡。然而现在的温度并非顶点，专家推测未来几年的平均温度只会更高。

如今，人类已经真正到了必须采取积极而有力的行动来改变这一切的时刻，这既是为了我们自己的切身利益以及子孙后代的生存利益着想，同时也是为了珍爱我们所居住的美好星球——我们所有的美好念想、期待和价值都深藏其中。推动解决生态问题、追求社会经济可持续发展成为各国政府机构、社会组织、专家学者、环保人士等共同关心的话题并非偶然，而是大势所趋、人心所向。负责任的中国政府和伟大的中国人民也在以自身不懈努力，推动生态环保，助力构建清洁美丽世界。

二、国内生态问题凸显

改革开放以来，我国经济迅速发展，工农业生产规模日益扩大；与此同时，自然环境状况却愈加不容乐观。20 世纪 90 年代以来，我国的水、空气、土壤的污染已经相当严重。其一，水污染严重。资料显示，我国 40% 左右的河段污染严重，水质劣于 Ⅲ 类（2003～2011 年数据）；湖泊受污染的水面占 40% 以上，富营养化比例高达 58%～69%（2006～2011 年数据）；全国 195 个城市中 97% 的城市地下水受到不同程度污染，40% 的城市地下水污染趋势加重。① 其二，荒漠化与沙化严重。我国是世界上荒漠化与沙化面积最大的国家，而且还有 31 万平方公里土地具有明显沙化的趋势。其三，空气污染严重。2006 年，我国碳排放总量超过美国，成为世界上碳排放量最大的国家。根据 2013 年亚洲开发银行（Asian Development Bank，ADB）发布的研究报告《迈向环境可持续的未来——中华人民共和国国家环境分析》，中国只有不到 1% 的城市达到世界卫生组织空气标准，而且全世界大气污染最严重的 10

---

① 陶良虎，刘光远，肖卫康．美丽中国——生态文明建设的理论与实践［M］．北京：人民出版社，2014：207－211.

个城市中竟有 7 个在中国。

我国出现严重环境污染问题与改革开放以来依赖拼能源资源、拼低廉的劳动力来追求经济的快速增长方式有关。如果用国际上通用的"生态现代化"指标来衡量我国经济增长的质量，会发现我国的资源浪费严重，生产效率低下，传统的生产模式已难以为继。中国科学院发布的研究资料显示，2004 年中国生态现代化指数只有 42 分，位列世界 118 个国家的第 100 位，我国自然资源消耗占国民总收入比例超过主要发达国家 100 倍。改革开放以来，我国的经济发展取得了举世瞩目的成就，极大提高了综合国力和人民生活水平；目前经济总量稳居世界第二位，仅次于美国。然而，经济腾飞的同时是环境污染问题的严重与加剧。自 20 世纪 90 年代以来，我国政府一再强调走可持续发展道路，避免走西方国家"先污染、后治理"的老路，但实事求是地说，我们在发展中所付出的环境代价并不低。

改革开放以来，我国社会经济飞速发展，但与世界发达国家相比，依然差距巨大，所以不断推进经济又好又快发展是我国的主要历史任务。数据显示，2000 年我国的经济总量仅为美国的 1/8.5，日本的 1/4，人均国内生产总值仅为美国的 1/38，日本的 1/40。即使到了 2010 年，我国的经济总量超过了日本，排名世界第二位，但是人均国内生产总值仍远低于美国、日本等发达国家的水平（此时我国人均国内生产总值约为美国的 1/11，日本的 1/10）。保持经济的快速增长，既是我国实现中华民族伟大复兴的需要，也是不断提升人民群众生活质量，赶超发达国家的需要。理解"绿水青山就是金山银山"理念的提出及其在我国的践行与推广需要考虑上述国内发展背景。

三、可持续发展成为国际共识

生态危机引发了世人的关注。人们普遍关心这样一个问题：如何既能满足人民不断增长的生活需要又能保持地球生态环境的可持续发展呢？罗马俱乐部给出的结论主要有三点：一是限制、稳定人口规模；二是降低发达国家物质产品增长速度；三是帮助发展中国家更快地发展经济，提升人民生活水平。1987 年，联合国世界环境与发展委员会出版了题为《我们共同的未来》的调查报告，在这个报告中首次明确提出"可持续发展"的内涵，即这种发展需要照顾到当代人的发展利益，同时又不能对后代人满足其发展需要构成威胁。可持续发展要求"满足全体人民的基本需要和给全体人民机会以满足他们要求较好生活的愿望"，① 由于它既考虑代内公平又考虑代际公平，期望各国人民都过上美好生活，因而一经提出就受到了国际社会的普遍赞誉。国际有关可持续发展的重要会议如表 1 - 1 所示。

表 1 - 1　　　　　　　　国际有关可持续发展的重要会议

时间	地点	会议名称	主要内容
1972 年	斯德哥尔摩（瑞典）	联合国人类环境会议	通过《人类环境宣言》。该宣言被认为是人类保护环境的一个里程碑
1982 年	内罗毕（肯尼亚）	纪念联合国人类环境会议十周年特别会议	通过《内罗毕宣言》
1992 年	里约热内卢（巴西）	联合国环境与发展会议	通过《联合国气候变化框架公约》《里约环境与发展宣言》《21 世纪议程》《联合国生物多样性公约》等一系列重要文件。其中提出了一个重要的国际环境发展与合作原则："共同而有区别的责任"
1995 年	柏林（德国）	《联合国气候变化框架公约》第一次缔约方会议	要求工业化国家和发展中国家尽可能展开合作，减少全球温室气体排放
1997 年	京都（日本）	《联合国气候变化框架公约》第三次缔约方会议	通过《京都议定书》，限制温室气体排放
2002 年	约翰内斯堡（南非）	可持续发展世界首脑会议	通过《可持续发展世界首脑会议执行计划》和《约翰内斯堡可持续发展宣言》
2005 年	蒙特利尔（加拿大）	《联合国气候变化框架公约》第十一次缔约方会议	达成了40 多项重要决定，其成果被称为"控制气候变化的蒙特利尔路线图"

① 世界环境与发展委员会. 我们共同的未来 [M]. 王之佳，柯金良，等译. 长春：吉林人民出版社，1997：53.

续表

时间	地点	会议名称	主要内容
2006 年	内罗毕（肯尼亚）	《联合国气候变化框架公约》第十二次缔约方会议	达成了帮助发展中国家提高应对气候变化能力的几十项规定
2007 年	巴厘岛（印度尼西亚）	《联合国气候变化框架公约》第十三次缔约方会议	通过了具有里程碑意义的"巴厘岛路线图"
2008 年	波兹南（波兰）	《联合国气候变化框架公约》第十四次缔约方会议	决定启动帮助发展中国家应对气候变化的"适应基金"
2009 年	哥本哈根（丹麦）	《联合国气候变化框架公约》第十五次缔约方会议	达成了一份不具有法律约束力的《哥本哈根协议》，决定延续"巴厘岛路线图"谈判进程，同时提出建立绿色气候基金
2012 年	里约热内卢（巴西）	联合国可持续发展大会	通过题为《我们憧憬的未来》的成果文件
2015 年	纽约（美国）	联合国可持续发展峰会	通过《2030 年可持续发展议程》
2015 年	巴黎（法国）	《联合国气候变化框架公约》第二十一次缔约方会议	通过在国际上有法律约束力的气候协议《巴黎协定》，该协定是全球气候治理新阶段的历史性协定
2018 年	卡托维兹（波兰）	《联合国气候变化框架公约》第二十四次缔约方会议	通过了《巴黎协定》实施细则，为2020 年以后全球气候行动的落实奠定了制度和规则基础
2024 年	内罗毕（肯尼亚）	联合国环境发展大会	大会达成并发布《采取有效、包容和可持续的多边行动，应对气候变化、生物多样性丧失和污染》部长宣言

1992 年，联合国环境与发展大会通过了《里约环境与发展宣言》（以下简称《里约宣言》）和《21 世纪议程》两个纲领性文件，标志着可持续发展理念在全球得到普遍认可。《里约宣言》旨在建立一种新的较为公平的全球伙伴关系，既尊重各国的发展利益，又保护全球的生态环境安全。各国可以在联合国宪章和国际法的原则下，按照自己的政策来保护环境、寻求发展，但不得对其他国家和地区的环境造成损害。

《里约宣言》提出，各国都有发展权，都应既维护本代人的发展利益又兼顾后代人的发展利益与环境需要。可以看到，《里约宣言》同《我们共同的未来》所提出的"可持续发展"倡议一样，既保护环境，又支持发展中国家的发展利益，用该宣言第五条原则表达即为："各国和各国人民应在消除贫穷这个基本任务方面进行合作，这是持续发展必不可少的条件，目的是缩小各国生活水平的悬殊和更好地满足世界上大多数人的需要。"《21世纪议程》是一个世界范围内的可持续发展行动计划，它是关于各国政府、发展机构、非政府组织等对环境产生影响的相关各方行动蓝图。该议程认可了人类的发展权利，要求逐步消灭贫穷。为了保护环境，该议程提出，发达国家必须改变原有的不环保生活方式，而发展中国家则必须控制过高的人口增长率。

2011年2月，联合国环境署发布《迈向绿色经济——实现可持续发展和消除贫困的各种途径》的报告，希望全球各国政府大力发展绿色经济，推进企业绿色转型，以建构一个低碳的、社会和谐的绿色未来。该报告有个宏大的计划，即到2050年，每年把世界GDP的2%用于绿色化10个核心经济部门，包括农业、林业、渔业、旅游业、制造业、交通、能源、建筑、水和废物管理。该报告呼吁社会资本增加对全球绿色经济的投资，帮助主要经济部门成功实现绿色转型，并通过创造机会弥补因绿色转型而导致的部分人群工作的丧失。该报告认为，绿色经济不仅不会损害经济增长，反而会促进经济增长（包括全球GDP和人均GDP的增加），并使全球生态足迹不断降低。此外，由于全球资本的一部分被投入或补贴到生态产业上，拥有自然资源产品或提供自然资源服务的社会人群特别是农民将从中获益，而这有利于消除社会贫困，对于一些低收入国家的农民来说，情况尤为如此。

2012年，联合国可持续发展大会通过了《我们憧憬的未来》这一重要文件。这个文件重申了《里约宣言》的基本原则，提出了构建既保障地球生态环境安全又保证当代人及后代人发展利益的行动计划。该文件提出，我们必须追求经济、社会和环境的可持续发展，积极发展绿色经济，消除贫困，在共同但有区别的责任原则下加强各国之间的发展与环境合作，督促发达国家向发展中国家提供技术，帮助发展中国家提升建设能力。

2015 年，联合国可持续发展峰会通过《2030 年可持续发展议程》。该议程在序言中指出，它是为了人类与地球的繁荣所制定的议程，希望借此促进世界和平与自由。议程提出，要消灭一切形式的贫困，包括极端贫困，这是追求可持续发展所不可缺少的要求。它还指出，要进行大胆的迫切需要的变革，以治愈地球的创伤，并让人类摆脱贫困与匮乏，特别是，在这一征程中，不让任何一个人掉队。为此，该议程宣布了17 个可持续发展目标和 169 个具体目标来展现其雄心壮志，完成千年发展目标中尚未完成的事业。

第二节 "绿水青山就是金山银山" 理念的理论渊源

"绿水青山就是金山银山" 理念积极吸收了人类关于人与自然和谐共生的有益成果，特别是马克思主义生态观、中华优秀传统生态文化和生态科学理论的有关成果，在此基础之上守正创新，形成了既要发展经济又要实现环保的独特且科学的可持续发展理论。

一、马克思主义生态观

（一）马克思的生态观

一些西方生态学者错误地认为，马克思只关心社会和经济发展而漠视自然的存在，即自然在马克思那里处于 "空场" 的状态，但事实并非如此。虽然马克思追求共产主义而赞美社会生产力的大力发展，但他从不认为为了社会生产而破坏环境是正确的。正如帕森斯（Parsons，1977）所指出的那样，马克思和恩格斯二人既爱自然也爱人类，正是因为同时爱这两者，他们感到有必要把人与自然从贫困和压迫的状态中解放出来，这就是他们为何愿意待在烟雾浓重的 "雾都" 研究人类解放而非待在芳香的草地上享受人生的原因所在。帕森斯承认，马克思确实没有过多地、直接地讨论生态问题，这是因为相较于爱自然，马克思"更爱人类"。在马克思所处的年代，工人生存的状况还不如牲畜，这也就是为什么马克思毕生研究人类解放而非自然解放的缘由。其实根据马克思主义理论，自然的解放与人的解放是统一的，热爱人类并为人类求解放的马克思不可能反对自然。事实上，马克思毕生追求的美好的共产主义社会就包含着人与人、人与社会、人与自然的和谐。虽缺乏马克思关于生态环境的专门论著，但他所追求的共产主义社会本身就是人与自然和谐统一的社会，也就是说，在马克思所追求的共产主义社会，自然同人一样必定都是能够在其中获得解放的。

站在维护人类解放维度去看待与处理人与自然之间的关系，追求生产力的大力发展和通过良善社会制度的建立来维护人与自然的利益是马克思生态观的一条主线。毋庸讳言，马克思确实是普罗米修斯主义的①，但这种态度是建立在人与自然和谐共生基础上的，是追求人与自然双重解放的。

马克思早在中学阶段就意识到了人类相对自然具有能动性，人应改变自然。在中学考试德语作文《青年在选择职业时的考虑》的开端部分，马克思指出，面对自然，人具有很强的能动性。根据他的看法，人与动物的不同之处就在于：自然给动物划定了它应该遵循的活动范围，而动物也就安分守己地在规定的范围内活动，并不试图跨越这个范围进行活动，甚至不会考虑是否还有其他范围存在；而人类则是有自己的目的的，并且会寻找实现目的的手段，这就是人类高于其他创造物的方面。就职业问题而言，人类是自由的，应自由地选择适合自身的职业，但囿于一定的个人体质与社会关系，选择职业又不是完全自由的。总体

---

① 在古希腊神话中，普罗米修斯与雅典娜共同创造了人类，在普罗米修斯的帮助下，人类学会了建造房屋、畜牧、耕田等生存技能；不仅如此，他还盗取天火，把它送给人类，让人们用火来驱散野兽、做饭和取暖。普罗米修斯坚决维护人类利益，屡次违抗宙斯的命令而遭受最严厉而残忍的惩罚。人们常用普罗米修斯主义来指代彻底的人本主义精神。马克思在博士论文序言最后部分对他大为赞赏，称他为"哲学日历中最高尚的圣者和殉道者"。

而言，在选择职业时有两种思路：一种是为了个人的利益，即为自己劳动；另一种是为人类而工作，即为人类社会解放劳动。相较而言，如果一个人只为自己劳动，他也许能够成为著名的学者、哲人、诗人等，然而他永远不能成为一位伟大的、完美的人；而如果选择了最能为人类而工作的职业，那么他就有可能成为一个高尚而伟大的人，其所拥有的幸福也将属于千百万人，其事业也将持久地存在下去。分析整篇文章会发现，马克思论述人类在选择职业的考虑时首先提到"自然"是为了体现人相对于动物的主观能动性，即人是可以自由选择的：自由选择自己的职业，自由决定自己的生活。此外，文章的开端提及"自然"中的"动物"活动，也隐含着这样的意思：动物只是为了生存需要（如口腹之欲）而活动，而人是有高尚追求的，人应该通过自己的努力而让整个社会变得更美好。

马克思在其博士论文《德谟克利特的自然哲学和伊壁鸠鲁的自然哲学的差别》中纠正了长期以来存在的把德谟克利特自然哲学和伊壁鸠鲁自然哲学等同起来的传统偏见，清晰地揭示了伊壁鸠鲁自然哲学所蕴含的解放意义。在马克思看来，二位哲人的自然哲学皆为"原子论"，初看起来相似甚至相同，实质上却有着本质的区别。在德谟克利特的原子论那里，原子的运动是单向的，原子所做的只是由于重力而形成的垂直运动；而在伊壁鸠鲁那里，原子在运动中除了做直线运动还会发生偏转，这样原子的运动就有三种情形：直线式的下落运动、脱离直线的倾斜运动和由此产生的碰撞运动。延展到人类社会领域，德谟克利特的整个哲学具有机械论甚至宿命论的色彩，而伊壁鸠鲁的独特的哲学观点指明事物的发展是有各种可能性的，这就破除了决定论。在伊壁鸠鲁那里，正是由于自然发展存在多种可能性，人们才需要积极地进行社会实践活动，以更多地了解自然、掌握它运行的规律。而人类由于掌握了大量的自然运行规律，因此在面对自然时能体现出一种自由的状态，这样人类和自然之间的任何神话论都显得荒诞不经。

在《1844 年经济学哲学手稿》中，马克思唯物的、历史的、以人为主体的自然观得到充分表达。

第一，站在唯物主义视角指出人必须依靠自然才能生存。马克思指出，人类生活和动物有相似之处，那就是都靠无机界生活，并且人和动物相比越具有优越性，人赖以生活的无机界范围就越广阔。"人在肉体上只有靠这些自然产品才能生活，不管这些产品是以食物、燃料、衣着的形式还是以住房等等的形式表现出来。"① 在他看来，一方面自然界是理论领域即自然科学和艺术对象的精神源泉；另一方面从实践领域来说，自然事物是人的生活和人的活动的一部分。

> 从理论领域来说，植物、动物、石头、空气、光等等，一方面作为自然科学的对象，一方面作为艺术的对象，都是人的意识的一部分，是人的精神的无机界，是人必须事先进行加工以便享用和消化的精神食粮；同样，从实践领域来说，这些东西也是人的生活和人的活动的一部分。②

在马克思那里，工人阶级是先进的阶级并具有创造世界的伟大历史作用，然而他又指出，没有自然界，工人什么也不能创造。

第二，人本身就是自然的一部分。在马克思看来，人不仅需要自然界才能生活，而且人本身就属于自然，是自然界的一部分。"所谓人的肉体生活和精神生活同自然界相联系，不外是说自然界同自身相联系，因为人是自然界的一部分。"③

第三，人通过创造性的实践活动改造自然界。人通过实践活动能动地处理人与自然之间的关系，从而把天然自然转变为人化自然以更好地满足人类生存与发展，这是马克思看待人与自然关系的一个重要的初始性观点。马克思认为："动物和它的生命活动是直接同一的，动物不把自己同自己的生命活动区别开来。它就是这种生命活动。人则使自己的生命活动本身变成自己的意志和意识的对象。他的生命活动是有意识

①②③ 马克思恩格斯全集（第三卷）[M]．北京：人民出版社，2002：272．

的……有意识的生命活动把人同动物的生命活动直接区别开来。正是由于这一点，人才是类存在物。或者说，正是由于人是类存在物，他才是有意识的存在物，也就是说，他自己的生活对他是对象。仅仅由于这一点，他的活动才是自由的活动。"①

诚然，动物也生产。它为自己营造巢穴或住所，如蜜蜂、海狸、蚂蚁等。但是，动物只生产它自己或它的幼仔所直接需要的东西；动物的生产是片面的，而人的生产是全面的；动物只是在直接的肉体需要的支配下生产，而人甚至不受肉体需要的影响也进行生产，并且只有不受这种需要的影响才进行真正的生产；动物只生产自身，而人再生产整个自然界；动物的产品直接属于它的肉体，而人则自由地面对自己的产品。动物只是按照它所属的那个种的尺度和需要来构造，而人懂得按照任何一个种的尺度来进行生产，并且懂得处处都把内在的尺度运用于对象；因此，人也按照美的规律来构造。②

第四，站在人类中心主义的维度追求人与自然的和谐统一。马克思也爱自然，但这种爱或者保护不是站在生态中心主义的角度去看待人和自然之间的关系并采取相应的行为举措，即不是爱自然就要远离或尽可能地不去干涉自然。马克思为了人类的利益，在关注人的生存与发展的视阈下爱护、关心自然，所以他把自然看作"人的无机的身体"。也就是说，人是实践活动的主体，而自然是与人有着密切关联的客体。我们知道，人不可能不爱惜自己的身体，故站在同样的维度上可以说，人绝不应该损害自然的生存利益。马克思的这种人类中心主义态度是一种主动地、积极地、乐观地通过正确实践活动来改造自然的处理问题方式，根据这种思路，人类对自然的改造活动本然的就应该是既维护人类的利

---

① 马克思.1844年经济学哲学手稿［M］.北京：人民出版社，1985：53.
② 马克思恩格斯全集（第三卷）［M］.北京：人民出版社，2002：273-274.

益同时又是保护自然的。

第五，深刻揭示了资本主义对自然的物化以及对工人的剥削。在资本主义制度下，自然的价值在于其能创造财富的单向价值。工人也是被资本压榨的对象：工人一生的大部分时间是在生产过程中度过的，而降低生产条件竟然被资本家视为提高利润率的一种方式，即"生产性节约"。生活领域如同生产领域一样，工人状况是困苦不堪的。工人所居住的环境如同"穴居"，当然他在穴居中也是朝不保夕的，如果他付不起房租，他每天都有可能被赶走。工人的饮食状况更是堪忧，他们吃的是已经发霉的面包或马铃薯。

第六，只有在扬弃私有制的共产主义社会才能实现自然的解放。因为在私有制下特别是在资本主义制度之下，自然不过是使资本家获取利润的物品，是为了满足个人有限的需要与乐趣的、属于个人所有的财产。而共产主义扬弃了资本主义，在生产资料公有制的基础上，出于人类的真实需要并按照集体的原则来掌控自然。在共产主义社会，自然真正成为满足人类实际需要的对象，人和自然之间的关系真正成为互相成就对方的关系，这正如人和人的关系只有依靠真诚、友爱、理解等而非靠金钱或相互利用才能成为真正友善的关系一样。共产主义之所以能够解决人类社会以及人与自然之间的各种矛盾就在于它是建立在扬弃私有制的基础之上的，① 它使人类真正成为了自然的以及人类社会本身的主人，它使每个人都站上了历史舞台并在集体的安排之下科学地决定重大社会问题，这样，无论是自然还是个人都丧失了其在功利主义意义上的存在价值，而是回归到自身的真正价值，或者说，使自身建构自身成为了真正需要衡量的存在。马克思指出：

　　共产主义是私有财产即人的自我异化的积极的扬弃，因而是通

---

① 这里显而易见的逻辑在于：消灭了"资本"也就消灭了资本家，正如消灭了土地私有制"地主"就不可能存在一样；在共产主义社会，每个个体都成了建立在生产资料公有制基础上的平等的劳动者。

过人并且为了人而对人的本质的真正占有；因此，它是人向自身、向社会的即合乎人性的人的复归，这种复归是完全的，自觉的和在以往发展的全部财富的范围内生成的。这种共产主义，作为完成了的自然主义＝人道主义，而作为完成了的人道主义＝自然主义，它是人和自然界之间、人和人之间的矛盾的真正解决，是存在和本质、对象化和自我确证、自由和必然、个体和类之间的斗争的真正解决。它是历史之谜的解答，而且知道自己就是这种解答。①

马克思所写的《关于费尔巴哈的提纲》被认为是"包含着新世界观的天才萌芽的第一个文件"。在这篇文章中，实践的观念成为新世界观的基本观点和原则。马克思以实践为中心，清晰地揭示和阐释了旧唯物主义的缺点、思维的客观性、环境和教育之间的关系、宗教的世俗本质、人的本质、社会生活的本质等一系列重要理论问题，最后指出，相比于解释世界，改变世界更为重要。这篇文章具有深刻的生态哲学思想。马克思站在实践的立场上，看到了环境与人类生存发展之间的辩证关系，明确了人创造环境、环境也创造了人的思想，并主张以一种积极而能动的实践活动来实现"环境的改变和人的活动的一致"的社会理想，可以说，社会实践视角为马克思主义生态哲学提供了方法论依据（陈墀成和蔡虎堂，2014）。

马克思与恩格斯合著的、作为马克思主义哲学创立标志的《德意志意识形态》站在历史唯物主义视角分析了人、社会与自然之间的辩证关系，揭示了人类史和自然史的统一。

第一，理解人与自然的关系是理解"现实的个人"的基础。历史唯物主义中的主体是指现实的、具体的而非抽象的个人。然而，这样的个人是生活在一定的物质生活条件和自然环境之中的。"它的前提是人，但不是处在某种虚幻的离群索居和固定不变状态中的人，而是处在现实

---

① 马克思恩格斯全集（第三卷）[M]. 北京：人民出版社，2002：297.

的、可以通过经验观察到的、在一定条件下进行的发展过程中的人。"①

第二，自然史是社会史的基础。"第一个需要确认的事实就是这些个人的肉体组织以及由此产生的个人对其他自然的关系。当然，我们在这里既不能深入研究人们自身的生理特征，也不能深入研究人们所处的各种自然条件——地质条件、山岳水文地理条件、气候条件以及其他条件。任何历史记载都应当从这些自然基础以及它们在历史进程中由于人们的活动而发生的变更出发。"②

第三，物质生活资料的生产活动是人类创造历史的基础。人类为了"创造历史"，必须能够生活下去。但是人类为了生活，首先就得满足自身基本的生理需要如吃喝住行等，因此第一个历史活动就是生产人类生存所必需的生活资料，即"生产物质生活本身"。事实上，几千年来满足自己生存的历史活动，正是人类一切历史能够存在的基本条件。

第四，人类史和自然史相互制约。人类可以把历史划分为自然史和人类史，但是这样做只是为了某些时候理解上的便利，事实上这两个方面是紧密联系的；只要有人存在，自然史就和人类史相互制约。站在这个意义上我们甚至可以说，人类社会发展史同时也是自然发展史（陈墀成和蔡虎堂，2014）。如果我们考察人类文明早期历史会发现，当时人类由于各方面能力有限，对自然处于臣服的状态。"因而，意识一开始就是社会的产物，而且只要人们存在着，它就仍然是这种产物。当然，意识起初只是对直接的可感知的环境的一种意识，是对处于开始意识到自身的个人之外的其他人和其他物的狭隘联系的一种意识。同时，它也是对自然界的一种意识，自然界起初是作为一种完全异己的、有无限威力的和不可制服的力量与人们对立的，人们同自然界的关系完全像动物同自然界的关系一样，人们就像牲畜一样慑服于自然界，因而，这是对自然界的一种纯粹动物式的意识（自然宗教）"。③ 由于人类生产效率的

---

① 马克思恩格斯文集（第一卷）[M]. 北京：人民出版社，2009：525.
② 马克思恩格斯文集（第一卷）[M]. 北京：人民出版社，2009：519.
③ 马克思恩格斯文集（第一卷）[M]. 北京：人民出版社，2009：533 – 534.

提高，人类相对于自然的绵羊意识才得以改变。可以说，《德意志意识形态》把彻底的自然唯物主义与历史唯物主义融为一体，而人、自然、历史、社会、物质生产等关键性词语之间的联系被清晰地勾勒出来，为我们理解人与自然之间的关系奠定了扎实的基础。

《共产党宣言》是马克思主义最为经典的论著之一。在这篇纲领性文献中，马克思和恩格斯揭示了资本主义社会的内在矛盾，指出了资本主义必然灭亡和共产主义必然胜利。资产阶级通过改进生产工具和交通，构建了世界市场，它使农村屈服于城市、未开化和半开化的国家从属于文明国家，使东方从属于西方；它改变了传统的政治秩序、社会关系、道德伦理和国际秩序。就与自然的关系而言，资本主义社会在它的不到百年的统治中创造了比过去一切时代所创造的全部物质财富都要多、都要大的社会生产力。它极大地改变了自然界的面貌，比如：对自然的改造程度、机器的大量采用、化学在工农业中的应用、轮船的行驶、铁路的通行、河川的通航、整个整个大陆的开垦以及仿佛从地下呼唤出来的巨量人口。但是整个资产阶级的生产是混乱的，这种混乱生产导致每隔几年就会产生一次严重的经济危机以及系列社会问题。因而，随着大工业的发展，它已经不能再控制整个社会了，它生产了自己的掘墓人。而联合起来的全世界无产者将打碎资本主义旧世界，创造出崭新的、合理的共产主义新世界。

在《在〈人民报〉创刊纪念会上的演说》一文中，马克思揭示在资本主义社会条件下，文明或普通事物所呈现出来的双面性：越来越发达的事物本应为人类的利益服务，事实上它也成了束缚、压迫、控制人的工具。可以看到，机器具有减少人类劳动和使劳动更加有成效的神奇力量，然而世界并不会因为机器的发明而减少饥饿和过度的疲劳。创造财富的新源泉，似乎被一种不可思议的、奇怪的力量所支配，它变成了贫困的源泉。技术的胜利又在某种程度上导致道德的败坏：

> 随着人类愈益控制自然，个人却似乎愈益成为别人的奴隶或自身的卑劣行为的奴隶。甚至科学的纯洁光辉仿佛也只能在愚昧无知

的黑暗背景上闪耀。我们的一切发现和进步，似乎结果是使物质力量成为有智慧的生命，而人的生命则化为愚钝的物质力量。①

《资本论》被誉为"工人阶级的圣经"，是马克思花费心血最多、投入时间最长、最厚重的著作。就生态思想而言，在《资本论》的第一卷，马克思揭示了资本对自然的剥削，并提出了新陈代谢断裂理论。李比希的著作《化学在农业和植物生理学中的应用》从自然科学的观点阐发了现代农业的消极方面，马克思进而指出，正是资本主义的生产方式过度地使用土地和以工业的方式来发展经济导致了人和自然之间的新陈代谢断裂。

> 资本主义生产使它汇集在各大中心的城市人口越来越占优势，这样一来，它一方面聚集着社会的历史动力，另一方面又破坏着人和土地之间的物质变换，也就是使人以衣食形式消费掉的土地的组成部分不能回归土地，从而破坏土地持久肥力的永恒的自然条件。②

在《资本论》第一卷，马克思还强调了人的活动（主要是劳动方面）对于调节人与自然的关系具有的重要作用："劳动首先是人与自然之间的过程，是人以自身的活动来中介、调整和控制人和自然之间的物质变换的过程。"③ 在马克思看来，人与自然之间交往的中介形式是"劳动"，当然，劳动也是人类控制和调整人与自然之间关系的重要形式。人作为一种自然力与自然本身的力量相对抗。这种对抗的性质是人为了自己的生活需要而调动他身上的臂膀、双腿、双手和头脑等自然力去占有自然物质。值得注意的是，人在运用劳动使自然物发生形变时，他也同时改变了自身的自然。马克思认为，在劳动的整个过程中，人类控制着自身的力、自己的活动，以使自身的自然中所蕴藏着的潜力能够充分发挥出来，

① 马克思恩格斯文集（第二卷）[M]. 北京：人民出版社，2009：580.
② 马克思恩格斯全集（第四十四卷）[M]. 北京：人民出版社，2001：579.
③ 马克思恩格斯文集（第五卷）[M]. 北京：人民出版社，2009：207-208.

并且使这种力的活动受他自己控制。在马克思看来，人类的劳动活动极其巧妙之处就在于，人类最终的劳动结果早在劳动者开始活动前就已经观念地存在着："我们要考察的是专属于人的那种形式的劳动。蜘蛛的活动与织工的活动相似，蜜蜂建筑蜂房的本领使人间的许多建筑师感到惭愧。但是，最蹩脚的建筑师从一开始就比最灵巧的蜜蜂高明的地方，是他在用蜂蜡建筑蜂房以前，已经在自己的头脑中把它建成了。"① 也就是说，人类不仅使自然物发生一些变化，而且还通过自然物实现他自己的目的，而这个目的是他早已经知道的，是作为一种规律决定他的活动形式与方式的，他也必须使自己的意志遵循这个活动的目的与规律。

在《资本论》第三卷中，马克思指出，资本主义生产方式导致了生态问题。资本主义为榨取利润而肆意地破坏环境。例如，资本主义生产方式使得生产排泄物和消费排泄物大大增长，而由于只重视生产不考虑废弃物的处理，导致很多时候生产排泄物倾向于直接丢弃到自然界中去，污染了自然，造成了人与自然之间新陈代谢的失衡："消费排泄物对农业来说最为重要。在利用这种排泄物方面，资本主义经济浪费很大；例如，在伦敦，450 万人的粪便，就没有什么好的处理方法，只好花很多钱用来污染泰晤士河。"②

在《资本论》第三卷，马克思指出，在共产主义社会里，由于生产和生活的集体控制，人与自然都将获得解放或自由。在共产主义社会里，作为自由人的联合体能够像处理人与人之间的关系一样恰当地处理社会化的人与非私有自然的关系，使人和自然获得自由：

> 社会化的人，联合起来的生产者，将合理地调节他们和自然之间的物质变换，把它置于他们的共同控制之下，而不让它作为一种盲目的力量来统治自己；靠消耗最小的力量，在最无愧于和最适合于他们的人类本性的条件下进行这种物质变换。③

---

① 马克思恩格斯文集（第五卷）[M]. 北京：人民出版社，2009：208.
② 马克思恩格斯全集（第四十六卷）[M]. 北京：人民出版社，2003：115.
③ 马克思恩格斯全集（第四十六卷）[M]. 北京：人民出版社，2003：928－929.

我们看到，共产主义社会中的自然之所以是自由的，是因为建立在公有制基础之上的人类社会是自由的，而人类社会或社会中的人类之所以自由就在于他们能够掌握并成功使用社会发展规律和自然世界运行规律来开展实践活动。总之，正是因为建立了全面的公有制并善于运用科学规律（包括生态规律），在共产主义社会中人与自然的解放不但是可能的而且是必然的。进而言之，理解共产主义社会，需要认识到它是建立在公有制和发达的科技/生产力基础之上的。马克思指出："自由王国只是在必要性和外在目的规定要做的劳动终止的地方才开始；因而按照事物的本性来说，它存在于真正物质生产领域的彼岸。"① 在必然王国里，人为了维持和再生产自己的生命，必然与自然"搏斗"；在自由王国里，人们是"自由的"：可以自由地去做任何自己愿意做的、符合自身和社会利益的事情，可以充分地去发展自己的各种兴趣爱好，使得自身得到充分的发展。自由王国只能是在"必然王国"的彼岸，工作日的缩短是根本条件，而要缩短工作日离不开发达的科技或生产力。必然王国（物质生产领域）对照于"人的生存"，自由王国对照于"人的发展"。在共产主义社会里，随着人类能力的增强，必然王国会越来越小，但依然会存在，而自由王国则会越来越大。

通过以上的分析我们看到，马克思以辩证唯物主义和历史唯物主义为研究方法，把人的历史发展与自然的存在结合起来，把人的劳动与自然界的变化结合起来，把社会制度与人的解放、自然的解放结合起来，从而形成了自身独特的以人的解放促进自然的解放，最终实现人与自然双重解放的生态观。这些生态观直到今日依然给予我们很强的理论参考意义和实践指导意义。

（二）恩格斯的生态观

恩格斯关于人与自然的关系亦有着深刻而精彩的论述。他把人的解放与自然的解放相结合、把辩证法与唯物主义相结合、把辩证唯物主义

---

① 马克思恩格斯全集（第四十六卷）[M]. 北京：人民出版社，2003：928.

和历史唯物主义相结合，形成了自己独特的生态思想，这对于我们正确分析、看待、解决社会生态问题提供了方法论指导。

在《国民经济学批判大纲》中，恩格斯认为地球能够满足工人的生活需要，这有力地驳斥了马尔萨斯人口论。马尔萨斯人口论认为，人口是按指数级进行增长的，但地球上的粮食生产增长却只能是算数级，因而当人口的数量超过了可以支撑的生活资料数量，贫困和罪恶就产生了。根据马尔萨斯的理论，在人太多的地方，就应当采用某种办法把人杀死或者让他们饿死，而工人阶级唯一的出路就是尽量地减少生育。恩格斯指出："人口过剩或劳动力过剩是始终与财富过剩、资本过剩和地产过剩联系着的。"[①] 也就是说，只有在资本主义生产力过大的地方，人口才会"过多"。在恩格斯看来，土地的种植面积扩大虽然受限，但科学技术的进步与人口的增长一样是永无止境的，至少同人口的增长一样快，因而资本主义社会中的人口过剩是由其制度导致的，而绝非土地生产的粮食不够所致。

在《反杜林论》中，恩格斯正确地提出，真正的意志自由在于对自然规律的遵循。在黑格尔看来，自由就是对必然的认识。恩格斯接续黑格尔的自由观念指出："自由不在于幻想中摆脱自然规律而独立，而在于认识这些规律，从而能够有计划地使自然规律为一定的目的服务。这无论对外部自然的规律，或对支配人本身的肉体存在和精神存在的规律来说，都是一样的。这两类规律，我们最多只能在观念中而不能在现实中把它们互相分开。"[②] 意志自由绝不是任意的，而只能是在对事物的客观认知的基础上进行，而之所以有的时候犹豫不决，原因在于对事物运行和发展的规律并不了解或了解不深，以至于不能有效支配对象反而被对象所支配。不仅如此，恩格斯明确指出："自由就在于根据对自然界的必然性的认识来支配我们自己和外部自然；因此它必然是历史发

---

① 马克思恩格斯全集（第三卷）[M]. 北京：人民出版社，2002：466.
② 马克思恩格斯文集（第九卷）[M]. 北京：人民出版社，2009：120.

展的产物。"① 最初的、从动物界分离出来的人们，在一切本质方面同动物一样本身是不自由的，文化的每一个进步，都使得人类更加地趋向自由。特别是近代以来，科学技术的发展带来了巨大的生产力，我们只有借助这些生产力，才有可能实现这样的一个社会状态，在那里不再有任何的阶级差别，不再有人们对个人生活资料的担心，并且第一次能够谈及真正的人的自由，谈及与自然规律相和谐一致的生活。改造自然的进步可以视为对自然认识不断深入的过程，是生产工具不断优化的过程，因此，站在某种程度上，可以把到"目前"（即恩格斯所生活的时代）为止的全部历史称之为"从实际发现机械运动转化为热到发现热转化为机械运动这样一段时间的历史。"②

恩格斯撰写的《自然辩证法》亦蕴含着丰富的生态思想，他试图在这篇著作中把唯物论、辩证法和历史唯物主义紧密统一起来，具有重要的自然生态哲学意义。其主要内容如下。

第一，从自然史角度看，劳动创造了人本身和人类社会。恩格斯在《自然辩证法》论及"自然界和社会"的关系时，著述了知名的《劳动在从猿到人的转变过程中的作用》。他从自然史的角度详细地分析了从猿到人的生成过程，而在这一过程中，劳动或实践对于人、人类社会乃至人类文明的形成起着决定性的作用。恩格斯指出，在地质学家称为第三纪的某个时期，地球环境发生了巨大变化，为了适应自然，类人猿在劳动的作用下逐渐学会了直立行走，并在劳动中学会了制造生产工具和使用语言，随着人类活动的扩展，猿脑过渡到人脑。随着脑的发育，人类的感觉器官和人类社会也逐渐发展起来。简言之，劳动创造了人本身。同时，劳动推动了人类社会形成。人类社会区别于动物社会的根本是什么呢？还是劳动。人在劳动中逐渐学会了制造劳动工具，而任何的动物都做不到这一点。"任何一只猿手都不曾制造哪怕是一把最粗笨的

---

① 马克思恩格斯文集（第九卷）[M]. 北京：人民出版社，2009：120.
② 马克思恩格斯文集（第九卷）[M]. 北京：人民出版社，2009：121.

石刀。"① 在劳动的影响下，不仅人类的双手、说话器官和大脑得以发展，而且人类越来越能够完成复杂的动作，越来越能够提出自己的目的并实现它。在劳动越来越复杂和完善的情况下，人类社会的基本产业（如农业、手工业、商业）和社会构造（如民族、国家、法律、宗教）便形成了。

第二，人类只有依靠对科学规律的掌握才能更好地改变世界。恩格斯认为，自然界的运行是有规律的，而人类的活动必须在自然规律范围内进行。人类对于自然的"统治"② 是建立在"认识和正确运用自然规律"的基础上。掌握自然界运行的规律，按照规律来改造自然，就要研究自然。研究自然，在社会发展、生产力提高层面的科学价值巨大。

第三，人类不要过于陶醉于我们对自然所做的征服，如果人类不按照自然运行的规律改造它就会遭到"报复"。这就是说，人类对自然界的改造绝不是任意的，对于人类肆意征服自然的每一次"胜利"，自然都会对人类进行报复。起初，人类改造自然似乎确实达到了自己的预期，但是从一个较长的历史发展角度来看，自然会发生一些"完全不同的、出乎意料的影响"，这些反向的影响通常把最初的结果给消除了。恩格斯列举了美索不达米亚、希腊、小亚细亚以及其他各地的居民实践案例：他们为了得到更多的耕地，毁灭了森林，但是让他们做梦也想不到的是，这些地方竟由于沙漠化变为不毛之地，这些地区失去了森林实际上也就失去了水分的集聚中心和贮藏库。恩格斯深刻地告诫人们："我们决不像征服者统治异族人那样支配自然界，决不像站在自然界之外的人似的去支配自然界——相反，我们连同我们的肉、血和头脑都是属于自然界和存在于自然界之中的；我们对自然界的整个支配作用，就在于我们比其他一切生物强，能够认识和正确运用自然规律。"③

---

① 马克思恩格斯文集（第九卷）[M]. 北京：人民出版社，2009：551.

② 如果说，恩格斯在论述人类与自然界的关系时使用了"支配""统治"这样的字眼，那么这些字词的使用只是为了理解的方便——为了表达人类相对于动物界而言的巨大能动作用——因而不应脱离具体文本抽象地来理解这些表述。

③ 马克思恩格斯文集（第九卷）[M]. 北京：人民出版社，2009：560.

第四，自然辩证法和思维辩证法是统一的。恩格斯在《自然辩证法》当中揭示了自然界和人类思维都符合辩证法运行的规律。在他看来，辩证法是关于普遍联系和永恒发展的科学，其基本规律如质量互变规律、对立统一规律、否定之否定规律，不仅存在于自然界，还应成为人类思维最重要的形式。这无疑是惊人的发现：思维规律与自然规律，只要它们被正确地认识，必然是互相一致的。辩证法分为客观辩证法和主观辩证法，前者是"在整个自然界中起支配作用的"，后者是"在自然界中到处发生作用的、对立中的运动的反映，这些对立通过自身的不断的斗争和最终的互相转化或向更高形式的转化，来制约自然界的生活"。① 客观辩证法和主观辩证法是统一的，是相互映照的。辩证法运动的特点是绝对运动、相对静止，是偶然后面有必然、有果必有因，而无论是在自然界的客观领域、精神的主观领域还是人类社会的发展方面，所有规律性的东西都是不以人的意志为转移的，所以人类要正确理解自然和社会就必须要掌握各种科学性知识。

第五，处理好人与自然的关系离不开良善的社会制度。恩格斯认为，人们在实践中逐渐学会了认识自己的实践活动对自然所产生的较近或较远的后果，特别是随着科学的进步，人们在实践中更加认识到了自身和自然的统一性。然而，仅仅依靠人们审慎的活动或科学技术的帮助还是不够的，处理好人与自然的关系还需要对资本主义的生产方式以及同这种生产方式一起的整个社会制度进行根本的变革，即需要建立集体掌控社会生产资料的共产主义社会。资产阶级的社会科学主要研究的是生产和交换行为在社会方面所产生的最近的、最直接的预期影响，因而依靠见利忘义、眼光短浅的资本主义去关爱自然既不科学也不现实或者直截了当地讲"绝无可能"。

在《路德维希·费尔巴哈和德国古典哲学的终结》中，恩格斯在哲学上肯定了自然的世界本原地位。世界的本原问题是任何哲学家都要思考和回答的一个基本哲学问题，马克思主义哲学亦不例外。恩格斯在

---

① 马克思恩格斯文集（第九卷）［M］. 北京：人民出版社，2009：470.

该文中指出，根据自然界和精神的关系，即根据自然界和精神何者为第一性的问题可以把哲学家分成两大阵营：断定精神对自然界来说是本原的为唯心主义阵营，反之则为唯物主义阵营。唯物主义肯定了自然的第一性，即先有自然界后有"精神"，既然自然不依赖人的意识而存在，故而各种宗教的神灵只能是人对自然虚幻的反映。从这里我们看到唯物主义的方法论意义在于，人类的解放只能依靠自身的努力而不能依赖于神灵保佑或庇护，因为神灵根本就不存在。此外，在这篇文章中，恩格斯指出，彻底的唯物主义应该在自然领域和历史领域都坚持唯物主义，像费尔巴哈式的唯物主义因为其理论没有贯穿历史领域，因而只能算是"半截子唯物主义"。

二、中华优秀传统生态文化

当今我们开展生态文明建设，离不开吸收借鉴中华优秀传统生态文化。几千年来，中华民族光辉灿烂的文明中包含着丰富而深刻的生态思想。古代先贤强调人与自然和谐共生，提出要尊重自然和万物的运行规律（这是一种对自然规律的朴素认同），在认同自然运行基本规律的基础上，又强调发挥人的实际功用，实现人与自然的和谐统一，形成了以"天人合一""道法自然"为代表的独特生态自然观，这些自然观在今天依然具有重要的参照意义。

（一）"天人合一"观

我国古代的思想家从天人整体观出发，将"天道"与"人道"相贯通，成为一体（陈墀成和蔡虎堂，2014）。"天"字在古汉语中主要有五种含义：一指"天空"；二指"自然界"；三指"人们想象中的万物的主宰"；四指"天气，气候"；五指古时在人的额头刺字涂墨的刑法。① "天人合一"中的"天"指的是"自然界"。《周易》中提到："昔者圣人之作《易》也，将以顺性命之理。是以立天之道曰阴与阳，

---

① 古汉语常用字词典［M］. 北京：商务印书馆，2005：378－379.

立地之道曰柔与刚，立人之道曰仁与义。兼三才而两之，故《易》六画而成卦。"① 在《周易》中，"天地人"相通以化成万物之理已被确立下来。汉代的大儒董仲舒所著的《春秋繁露》第一次明确提出天人合而为一："事各顺于名，名各顺于天，天人之际，合而为一。"② 在董仲舒看来，人同天地一样，具有本体论意义上的存在价值："何谓本？曰天、地、人，万物之本也。天生之，地养之，人成之。天生之以孝悌，地养之以衣食，人成之以礼乐，三者相为手足，合以成体，不可一无也。"③ 人固然不可如天地一样生养万物，但人能成就万物的存在形式与价值。正是站在这种意义上，人与天地共同构建了大千世界，天地人三才各有使命，共生共存。对于万物而言，人的重要作用体现在"成之"，即人能赋予万物之存在价值，能布局万物之存在方式，此种重要性仅次于天地的养育之恩，亦为万物运行之不可或缺也。

明代大思想家王阳明在《大学问》中指出，自然界万物诸如风、雨、露、雷、日、月、星、禽、兽、草、木、山、川、土、石，与人都是一体的，人与自然万物统一于"仁"道，即统一于仁爱他人与万物的人之本性。

> 大人者，以天地万物为一体者也，其视天下犹一家，中国犹一人焉。若夫间形骸而分尔我者，小人矣。大人之能以天地万物为一体，非意之也，其心之仁本若是，其与天地万物而为一也。岂惟大人，虽小人之心亦莫不然，彼顾自小之耳。是故见孺子之入井，而必有怵惕恻隐之心焉，是其仁之与孺子而为一体也，孺子犹同类者也；见鸟兽之哀鸣觳觫，而必有不忍之心焉，是其仁之与鸟兽为一体也，鸟兽犹有知觉者也；见草木之摧折而必有悯恤之心焉，是其仁之与草木而为一体也，草木犹有生意者也；见瓦石之毁坏而必有

---

① 周易 [M]. 杨天才，译注. 北京：中华书局，2016：398.
② 春秋繁露 [M]. 程郁，注译. 长沙：岳麓书社，2019：199.
③ 春秋繁露 [M]. 程郁，注译. 长沙：岳麓书社，2019：135.

顾惜之心焉，是其仁之与瓦石而为一体也。是其一体之仁也，虽小
人之心亦必有之，是乃根于天命之性，而自然灵昭不昧者也，是故
谓之"明德"。

王阳明认为，所谓"大人"是指坚持天人合一、天下一家的人；
而"小人"与之相反，是坚持天人二分的人。"小人"之本性本也有仁
爱他人、仁爱万物之心，但由于其过于追求个人欲望与私利，蒙昧了自
身，甚至被欲望冲昏了头脑，为了达到自己狭隘的私利而无所不为，在
此种情形下变得天人二分、人我二分了。从王阳明的论述中可以清楚地
看到，人与自然万物是相统一的，这种统一是自然统一于人，因为人天
然就是"善"的、"仁"的。站在今人的角度来看，王阳明的思想仍有
很强启发意义，我们要坚持天人合一，坚持以仁爱之心来看待、对待这
个世界。

（二）"道法自然"观

老子告诉我们，人类生于宇宙间，要效法天地与自然。《老子》第
二十五章说："人法地，地法天，天法道，道法自然。"① 人的行为为什
么要效法天地与自然呢？儒家的荀子讲得很清楚，因为自然有着不以人
的意志为转移的客观运行规律，按照天道规律生产生活就会吉利，反之
则"凶"。《荀子·天论》中提到：

> 天行有常，不为尧存，不为桀亡。应之以治则吉，应之以乱则
> 凶。强本而节用，则天不能贫，养备而动时，则天不能病；修道而
> 不贰，则天不能祸。故水旱不能使之饥，寒暑不能使之疾，妖怪不
> 能使之凶。本荒而用侈，则天不能使之富；养略而动罕，则天不能
> 使之全；倍道而妄行，则天不能使之吉。故水旱未至而饥，寒暑未
> 薄而疾，祅怪未至而凶。受时与治世同，而殃祸与治世异，不可以

---

① 老子［M］. 饶尚宽，译注. 北京：中华书局，2016：66.

怨天，其道然也。故明于天人之分，则可谓至人矣。①

人与自然的统一与和谐，关键在于人要顺应自然而非自然顺应人，在这一点上，中国传统文化基本相通。如管子提出，如果保护好生态环境，因地制宜地植养好蔬菜瓜果及桑麻，同时养好家畜，国家就会富有："山泽救于火，草木殖成，国之富也。沟渎遂于隘，障水安其藏，国之富也。桑麻殖于野，五谷宜其地，国之富也。六畜育于家，瓜瓠荤菜百果具备，国之富也。"② 反之亦然：山泽不救于火，草木不殖成，国之贫也；沟渎不遂于隘，障水不安其藏，国之贫也；桑麻不殖于野，五谷不宜其地，国之贫也。

（三）"以时禁发"观

"以时禁发"体现的是适度地、按照时节运行规律开发利用自然，这种利用自然由于把"保护"和"利用"有机结合起来，因而自然万物不仅不会衰败而且会由于给自然生境以休养生息之机，自然（包括动植物）会繁荣昌盛，人类也会从中得到充分滋养。孔子主张："钓而不纲，弋不射宿。"③ 只用鱼钩钓鱼而不用大网捕鱼，会用箭射鸟而不射归巢栖息之鸟。孟子主张："不违农时，谷不可胜食也；数罟不入洿池，鱼鳖不可胜食也；斧斤以时入山林，材木不可胜用也。"④ 不违背农时进行生产，粮食就会多得吃不完；不用细密的渔网到大的沼池去捕鱼，鱼鳖就会多得吃不完；在特定的时候到山林伐木，木材就会多得用不完。荀子的相关阐释更为细致：

> 圣王之制也，草木荣华滋硕之时则斧斤不入山林，不夭其生，不绝其长也；鼋鼍、鱼鳖、鳅鳣孕别之时，罔罟、毒药不入泽，不

---

① 荀子［M］. 安小兰，译注. 北京：中华书局，2007：109.
② 管子［M］. 李山，译注. 北京：中华书局，2016：42.
③ 朱熹. 四书章句集注［M］. 北京：中华书局，1983：99.
④ 孟子［M］. 万丽华，蓝旭，译注. 北京：中华书局，2016：5.

天其生，不绝其长也；春耕、夏耘、秋收、冬藏四者不失时，故五谷不绝而百姓有余食也；污池、渊沼、川泽谨其时禁，故鱼鳖优多而百姓有余用也；斩伐养长不失其时，故山林不童而百姓有余材也。①

依"以时禁发"观，人们应在不同时节采取不同生产生活原则，以保护生态环境。《吕氏春秋》② 详细指出了不同月份应具有的环境保护措施：

正月："禁止伐木，无覆巢，无杀孩虫胎夭飞鸟，无麛无卵，无聚大众，无置城郭，掩骼霾髊。"

二月："是月也，无竭川泽，无漉陂池，无焚山林。"

三月：因时雨将降，故需"修利堤防，导达沟渎，开通道路""无伐桑柘"。

四月："是月也，继长增高，无有坏隳。无起土功，无发大众，无伐大树""是月也，驱兽无害五谷，无大田猎"。

五月："令民无刈蓝以染，无烧炭，无暴布。"

六月："树木方盛，乃命虞人入山行木，无或斩伐。不可以行土功。"

七月："完堤防，谨壅塞，以备水潦。"

八月："可以筑城郭，建都邑，穿窦窖，修囷仓""趣民收敛，务蓄菜，多积聚"。

九月："是月也，草木黄落，乃伐薪为炭。"

十月："命百官，谨盖藏。命司徒，循行积聚，无有不敛；附城郭，戒门闾，修楗闭，慎关籥，固封玺，备边境，完要塞，谨关梁，塞蹊径。"

十一月："日短至，则伐林木，取竹箭""是月也，农有不收藏积聚者，牛马畜兽有放佚者，取之不诘。山林薮泽，有能取疏食田猎禽兽

---

① 荀子［M］. 安小兰，译注. 北京：中华书局，2007：92 – 93.
② ［汉］高诱注，［清］毕沅校. 吕氏春秋［M］. 上海：上海古籍出版社，2014.

者，野虞教导之。其有侵夺者，罪之不赦"。

十二月：命渔师始渔，"命司农，计耦耕事，修耒耜，具田器"。

上述十二个月的生态禁忌遵循"春生夏长秋收冬藏"的原理，翻译为白话文意思是：正月的时候，禁止砍伐树木，不要打翻鸟窝，不要杀死幼虫幼兽幼鸟，不要聚集众人，不得建修城墙，要把暴露在外的尸体加以掩埋。二月的时候，不要使河川池塘干涸，不要焚烧山林。三月的时候，适时之雨将降，要做好防洪工作，修筑堤坝，疏通河道，开通道路，使之没有阻塞；依然不可毁林。四月的时候，所有生物都在生长增高，不可有毁坏的行为；此时不要举办大工程及征召大众，不可伐树；这个月，驱赶野兽不伤及五谷，不要大规模狩猎。五月的时候，告诫人民不要割取蓝草以漂染；不要伐木烧炭；不要晒布。六月的时候，树木生长正茂盛，命令掌管山林的官吏到山里去巡视树木，不许人们砍伐，不得搞建设。七月的时候，命令百姓修缮堤坝，检查水道有无堵塞，以防水患。八月的时候，可以修筑城郭，建置都邑，挖掘地窖，修葺仓库；督促百姓收敛谷物，努力储藏过冬的干菜，多积聚柴草。九月的时候，草木黄落，乃砍柴烧炭。十月的时候，命令百官谨慎对待仓虞府库之事；命令司徒到各地巡视积聚的情况，不得有尚未积聚的谷物；要加高加固城墙，警戒城门里门，维修门栓门鼻，小心钥匙锁头，守备边境，修葺要塞，谨慎关卡桥梁，堵塞小路，做好安全工作。十一月的时候，可砍伐林木，割取竹子；教导人们收藏积聚的谷物，看好放牧在外的牛马；教导人们做好采集山林食物及田猎工作。十二月的时候，开始捕鱼；谋划来年耕作，修缮犁铧，准备耕田的农具。

（四）节约节用观

我国古人强调节约节用。孔子认为，要让一个大国兴旺发达，一个重要原则就是要节用："道千乘之国，敬事而信，节用而爱人，使民以时。"[1]

---

[1] 论语新注新译［M］. 杜道生，注译. 北京：中华书局，2011：2.

又说："奢则不孙，俭则固。与其不孙也，宁固。"① 孔子为了实现他的家国天下理想，极为推崇古典"礼"教，但在礼教与节俭发生矛盾的情况下，也不盲从古礼："麻冕，礼也；今也纯，俭。吾从众。"②

老子亦非常注重节俭，并将其视为道德三宝之一："我有三宝，持而保之：一曰慈，二曰俭，三曰不敢为天下先。慈，故能勇；俭，故能广；不敢为天下先，故能成器长。"③ 老子认为他有三件宝贝，一直持有并珍惜。第一件叫慈爱，第二件叫节俭，第三件叫不敢处在众人之先。在他看来，舍弃慈爱而要勇敢，舍弃俭啬而要宽裕，舍弃退让而要争先，这是死路一条。老子认为，奢华的生活并不利于自身发展和社会的和谐稳定，它让人心变得慌乱，让社会变得动荡，故建议推行简约生活方式："五色令人目盲，五音令人耳聋，五味令人口爽，驰骋畋猎令人心发狂，难得之货令人行妨。是以圣人为腹不为目。故去彼取此。"④

我国古人认为，人要关注自身的生存状态，要懂得养生之道，如果丰富的物质不能提升人的生存状态，则不如贫贱。《吕氏春秋·本生》中说：

> 贵富而不知道，适足以为患，不如贫贱。贫贱之致物也难，虽欲过之奚由？出则以车，入则以辇，务以自佚，命之曰招蹙之机；肥肉厚酒，务以自强，命之曰烂肠之食；靡曼皓齿，郑、卫之音，务以自乐，命之曰伐性之斧：三患者，贵富之所致也。故古之人有不肯富贵者矣，由重生故也，非夸以名也，为其实也。⑤

---

① 朱熹.四书章句集注［M］.北京：中华书局，1983：102.
② 朱熹.四书章句集注［M］.北京：中华书局，1983：109.
③ 见《老子》第六十七章。韩非子基于现实对老子关于"俭"的观念作了一番解读："万物必有盛衰，万事必有弛张；国家必有文武，官治必有赏罚。是以智士俭用其财则家富，圣人爱宝其神则精盛。人君重其战卒则民众，民众则国广。是以举之曰'俭，故能广'。"（《韩非子·解老》）
④ 老子［M］.饶尚宽，译注.北京：中华书局，2016：31.
⑤ ［汉］高诱注，［清］毕沅校.吕氏春秋［M］.上海：上海古籍出版社，2014：9.

古人认为，节俭节用看似小事，实则体现了国家的社会风尚，对于国家兴亡具有重要意义。唐代诗人李商隐在《咏史二首·其二》中说："历览前贤国与家，成由勤俭破由奢。何须琥珀方为枕，岂得真珠始是车。"李商隐纵览历史，发现凡是贤明的国家，成功皆源于勤俭，衰败皆起于奢华。他反对奢靡之风：为什么非要琥珀才能作枕头，为什么镶有珍珠的车才是好坐车？

（五）严格法令观

我国早在夏朝就有保护自然环境的法规——"禹之禁"。《逸周书·大聚解》记载："禹之禁，春三月，山林不登斧，以成草木之长；夏三月，川泽不入网罟，以成鱼鳖之长。"商朝有不得随意在公共道路上倾倒垃圾的严法："殷之法，弃灰于公道者断其手。"[①] 西周颁布的《伐崇令》规定：不遵守法律，破坏他人房屋、填埋水井、砍伐树木、伤害他人牲畜等行为死无赦。周朝有专门掌管山川林泽的机构并制定相关法令，这就是虞衡制度。虞衡制度一直延续至清代。

秦汉至明清，我国有大量有关保护水源湖泊和幼小动物、不得偷猎禁区动物和毁伐树木、加强城市环境卫生建设、多加植树等敕令或法令（杨文衡，2003）。

三、生态科学理论

（一）生态自然科学

1866 年，德国生物学家恩斯特·海克尔（Ernst Henrich Haeckel）首次在《普通生物形态学》一书中将"生态学"定义为"研究有机体及其周围环境相互关系的科学"。"Ecology"一词由希腊文"oikos"和"logos"演化而来，"oikos"表示"家庭"或"住所"，"logos"表示"研究"。从字面上来说，生态学（Ecology）是研究生物住所环境的科

---

① 韩非子 [M]. 高华平，王齐洲，张三夕，译注. 北京：中华书局，2016：84.

学，强调有机体与其栖息环境之间的相互关系，此定义作为标准定义收录于词典中。①"环境"包括非生物环境和生物环境，前者如温度、光、水、风，后者包括同种或异种其他有机体。海克尔定义中的"相互关系"也叫"相互作用"（interaction），它既包括有机体与非生物环境之间的相互作用，也包括有机体之间的相互作用。有机体之间的相互作用又分为同种生物之间和异种生物之间的相互作用。前者如种内竞争，后者如种间的竞争、捕食、寄生、互利共生等（牛翠娟等，2015）。

生态学原为生物学的一个分支，主要研究有机体之间或群落与周围环境之间的相互关系。20世纪初，它发展出相互独立的分支生态学，如动物生态学、植物生态学、海洋生态学、湖沼生态学等。1935年，英国生态学家坦斯利爵士（Sir Arthur George Tansley）明确提出"生态系统"的概念，它是指：由有机体的复杂组成以及环境的物理要素的复杂组成所共同构成的有机系统。系统观是生态学的核心概念，这一概念的提出对后来生态学的发展产生了深远影响。20世纪50年代，被誉为"现代生态学之父"的美国生态学家尤金·奥德姆（Eugene P. Odum）对生态系统论进行完善，使生态学得以深入发展。他在其名著《生态学基础》一书中把生态学视为研究生态系统的机构和功能的科学。

进入20世纪60年代以后，全球性生态危机出现，人们渐渐意识到自然生态环境的破坏与剧烈的工业化或不顾及自然的生产方式相关。20世纪70年代，随着大众出版物对环境问题的广泛关注，人们突然间开始关注污染、自然区域、人口增长、食物和能源消耗以及生物多样性，故而20世纪70年代经常被称为"环境年代"（decade of the environment）。② 也正是自这一年代开始，生态学逐渐地脱离了生物学的范畴，成长为一个独立的学科。

生态学常与其他学科进行交叉，形成交叉性生态科学。1974年，

---

① ［美］尤金·奥德姆，加里·巴雷特. 生态学基础（第五版）［M］. 陆健健，王伟，等译. 北京：高等教育出版社，2009：1.

② ［美］尤金·奥德姆，加里·巴雷特. 生态学基础（第五版）［M］. 陆健健，王伟，等译. 北京：高等教育出版社，2009：3.

学者恩岑斯伯格认为，生态学是广泛涉猎生物学、生物化学、海洋学、矿物学、遗传学、气象学、医学、物理学、人口统计学、热力学、博弈论、控制论等学科或理论的一个交叉学科。[①] 不无讽刺的是，正是愈演愈烈的全球生态环境问题逼迫生态学不仅脱离了生物学而且成为一门具有众多内部学术分科的独立科学，成为一门"显学"。

现在生态学已发展成为一个庞大的学科体系，按不同标准划分如下：

（1）按研究对象的组织层次划分：个体生态学、种群生态学、群落生态学、生态系统生态学、景观生态学、区域生态学和全球生态学。

（2）按研究对象的生物分类划分：动物生态学、昆虫生态学、植物生态学、微生物生态学和人类生态学。

（3）按生物栖息地划分：淡水生态学、海洋生态学、湿地生态学和陆地生态学。其中陆地生态学包括森林生态学、草地生态学、荒漠生态学和冻原生态学。

（4）按交叉学科划分：数学生态学、化学生态学、物理生态学、地理生态学、生理生态学、进化生态学、行为生态学、生态遗传学和生态经济学等（牛翠娟等，2015）。其中，第一种划分方式影响最大，是多个生态学教科书体系的框架结构来源。

随着生态危机的日趋严重，生态科学的研究也从纯粹研究生物体与周围环境关系到研究人类实践行为对自然的不利影响及其消除，生态学渐渐分成了两大类：基础生态学和应用生态学。基础生态学通常扣除人类的社会活动因素，主要研究生物及其环境，包括种群生态学、群落生态学、生态系统生态学等。应用生态学主要研究人类活动与自然环境之间的关系，包括污染生态学、恢复生态学、人类生态学、旅游生态学、城市生态学、农业生态学等。

（二）生态社会科学

生态社会科学的发展与生态自然科学的发展是分不开的，可以说，

[①] Grundman R. Marxism and Ecology［M］. Oxford：Clarendon Press，1991：1.

前者没有后者则盲，后者没有前者则罔。生态自然科学的进步为生态社会科学的发展提供了源源不断的理论营养。如美国著名学者蕾切尔·卡逊女士所著的《寂静的春天》在世界范围引发了一场思想风暴，成为人文生态学科的必读书目，但卡逊女士本是海洋学家，后来才从事生态宣传事业。我国著名学者钱俊生、余谋昌的《生态哲学》著作也是先在第一章介绍自然科学中关于生态学的基本知识之后，才在其他章节介绍生态哲学。可以说，离开了生态自然科学的理论支撑，生态社会科学必然是没有坚实理论基础的，同时也是缺乏说服力的。

生态社会科学有自己的研究方法、研究对象和研究范式。它常常站在哲学（包括伦理学）、政治学、人类学、法学、文艺学等人文社科领域去研究生态问题，从而形成了生态哲学（包括生态伦理学）、生态政治学、生态人类学、生态法学、生态文艺学等生态学与社会科学的交叉性学科。下面主要给大家介绍一下生态哲学。

生态哲学是 20 世纪 70 年代发展起来的一门新兴科学。第二次世界大战后的西方社会，一方面是社会物质生产的繁荣和人民生活水平的极大提高，另一方面是自然环境的破坏和人类逐渐陷入异化消费的泥潭难以自拔。在此背景下，一些学者开始从哲学视域审视人与自然之间的关系及人类自我价值的有效实现。1972 年联合国大会通过了具有里程碑意义的《人类环境宣言》，在这一时期，出现了大量的环境哲学论文。1974 年，挪威学者 S. Kavloy 正式使用"生态哲学"一词。20 世纪 80 年代以来出现了大批高质量的生态哲学著作，代表性的有斯可利穆卫斯基的《生态哲学》、汤姆·里根的《动物权利的情形》、阿特弗尔德的《环境问题的伦理学》、萨克塞的《生态哲学》等。除此之外，福格特的生存哲学、海德格尔的"拯救地球"和"诗意的栖居"哲学思考、罗马俱乐部的新价值论、詹奇的自组织进化宇宙观、拉塞尔的地球生命系统理论、罗尔斯顿的自然价值论等也引起了人们的广泛关注。从研究内容上看，生态哲学主要包括三个方面的研究：一是关于生态观的研究；二是关于生态方法的研究；三是关于人与自然关系的研究（邹冬生和高志强，2007）。我国学者余谋昌将"生态哲学"定义为："生态哲学，或生态学世界观，它是运用生态学的基本观点和方法观察现实事物和理解现实世界的理论。"①

到目前为止，生态哲学已经形成了一些代表性的理论：

（1）人类中心主义。以美国的诺顿和墨特为代表。诺顿认为，如果事物的评判标准只能由人来裁决就属于人类中心主义。具体说来，如果以感性意愿的判断为准则则为"强人类中心主义"，若以理性意愿的判断为准则则为"弱人类中心主义"。墨特认为，人类中心主义既关心人类利益也关心非人类生命和自然界利益。具体说来，他理解的人类中心主义有以下含义：人类利益高于其他物种利益；人类有现实优越性和主观能动性，因而人类对自然拥有更大责任；完善人类中心主义须揭示自然事物的内在价值；信仰人类的伟大力量（邹冬生和高志强，2007）。

（2）生态中心主义。生态中心主义认为，一切自然存在物都应该是伦理道德关心的对象，主张物种和生态系统都具有有限道德，认为整体比个体更为重要。与动物解放/权利论和生物中心主义相较，它更加关注的是生态共同体而非有机个体，可以说，它是一种整体主义的而非个体主义的伦理学（肖显静，2006）。生态中心主义的代表是"土地伦理"和"深生态学"。

利奥波德（Aldo Leopold）在《沙乡年鉴》一书中指出，人类应该重新学习在地球上生存，把土地视为我们归属的共同体，尊重和珍爱这个共同体上的其他生命。在利奥波德看来，传统伦理学往往致力于研究人与人的关系或个人与社会的关系，而没有考虑到人与自然之间可能存在着伦理。为此，利奥波德倡导建立一种人与自然和谐相处的"土地伦理"。土地伦理扩大了传统伦理的应用范围，"它包括土壤、水、植物和动物，或者把它们概括起来：土地。"② 简言之，"土地伦理"倡导人

---

① 余谋昌. 生态哲学 [M]. 西安：陕西人民教育出版社，2000：33.
② [美] 奥尔多·利奥波德. 沙乡年鉴 [M]. 侯文蕙，译. 北京：商务印书馆，2016：231.

类不但要尊重自己，还要尊重土地及其附属物，从而把人类由土地共同体的征服者变为其中的一员。作为一种新的伦理观，它提出了评判人们行为的新标准："当一个事物有助于保护生物共同体的和谐、稳定和美丽的时候，它就是正确的，当它走向反面时，就是错误的。"① 它的最低要求是保持人们所居住的大地及在大地之上的非人物种的生存权利。

1973 年阿恩·奈斯提出了"深生态学"的概念。奈斯将生态运动区分为"浅生态运动"和"深生态运动"。前者运动旨在反对污染和资源消耗；后者则认为环境危机背后有着深刻的哲学根源，传统的经济和意识形态结构是不利于环保的，应予以改变。深生态学寻求一种替代的哲学世界观，它是整体主义的和非人类中心主义的，在现实的实践运动中，它提供了 8 个原则②：

①地球上人类与其他形式生命的繁荣有其内在价值。非人类生命的存在价值独立于它们可能有的狭义的相对于人而言的有用性。

②丰富的生命形式的多样性本身就有价值，它使人类与非人类生命更为繁荣。

③除非为满足重大需要，人类无权减少这种丰富的多样性。

④目前人类对非人类世界干涉过多，情况正在迅速恶化。

⑤繁荣人类生命和文化要与人口的持续降低相匹配，为了繁荣非人类生命，这种降低无疑是必要的。

⑥政策要跟得上显著生活条件的改善。这又影响到基本的经济、技术和意识形态结构。

⑦意识形态的变化主要取决于注重生活质量而非高标准的生活方式，要明确大与伟大之间的区别。

⑧同意上述观点的人们有义务直接或间接地加入完成这一转变的任务中来。

---

① ［美］奥尔多·利奥波德. 沙乡年鉴［M］. 侯文蕙，译. 北京：商务印书馆，2016：252.

② ［美］戴斯·贾丁斯. 环境伦理学［M］. 林官明，杨爱民，译. 北京：北京大学出版社，2002：240 – 242.

（3）生物中心主义。生物中心主义源于阿尔伯特·施韦泽提出的"敬畏生命"理论。"敬畏生命"理论的核心观点是指，作为思考型动物的人应该敬畏每一个想生存下去的生命，如同敬畏他自己的生命一样。依照是否敬畏生命作为评价善恶的道德标准就是：维持生命，改善生命，培养其能发展的最大价值即是"生命之善"；毁灭生命，伤害生命，压抑生命的发展即是"生命之恶"。最为著名的生物中心理论的论证与阐释体现在保罗·泰勒所著的《尊重自然》（1986 年）一书中。

在泰勒看来，生物皆有其"善"：所有生物都是"生命的目的中心"。每一个生物都是有生命的，都是有方向、有目的、有目标地试图、期望"活下去"。"每个物种都有不同目的，但所有的事物都有目的，总的来说，其目的就是生长、发展、持续和繁衍。生命本身在它向此目的前进的意义上讲是有方向性的，每个生命都是这一有目标行为的中心，每个活物都是生命的目的的中心。"① 在这个意义上来说，人也是芸芸众生之一员。

生物中心论有四个中心信条：其一，人类与其他生命一样，在同样意义同样条件下被认为是地球生命体中的一分子；其二，所有物种（包括人类在内）都是互相依赖的系统的一部分；其三，所有生物都以自己的方式来追求自身的善；其四，人类并非天生地超越其他生命。

就实践层面而言，泰勒提出了人类在面对其他生物时要坚持的四项一般性原则：一是无毒害法则，即不能随意伤害其他任何生物；二是不干涉原则，即不要去干涉个体生物的自由，也不干涉生态系统或生物群落；三是忠诚原则，即不要试图去欺骗或背叛野生动物；四是重构公平原则，即当人类违反上述三项原则时，须对伤害进行修复。

（4）生态学马克思主义。生态学马克思主义是西方马克思主义者运用马克思主义基本原理、观点与方法分析、研究全球性生态问题的一种理论思潮。该学说是西方马克思主义的当红流派之一，它寄望于通过

---

① ［美］戴斯·贾丁斯. 环境伦理学 ［M］. 林官明，杨爱民，译. 北京：北京大学出版社，2002：159.

理论研究推进现实的生态左翼运动，进而实现生态社会主义社会。生态学马克思主义的代表性人物有加拿大的威廉·莱斯和本·阿格尔，美国的霍华德·帕森斯、约翰·巴拉米·福斯特、詹姆斯·奥康纳、保尔·博克特、乔尔·克沃尔，英国的乔纳森·休斯、特德·本顿、戴维·佩珀，法国的安德烈·高兹，德国的瑞尼尔·格伦德曼，日本的岩佐茂，印度的萨拉·萨卡等。

生态学马克思主义者认为，生态社会主义的社会基础主要包括以下主张："真正基层性的广泛民主；生产资料的共同所有（即共同体成员所有，而不一定是国家所有）；面向社会需要的生产，而主要不是为了市场交换和利润；面向地方需要的地方化生产；结果的平等；社会与环境公正；相互支持的社会—自然关系。"①

（5）生态美学。生态美学是生态学与美学的交叉学科，是人类对自己的生存环境进行的哲学美学审视。它研究的是人与自然之间的美学价值或美学意义。它是以人与自然的审美关系为基点，审视生态系统之中的人与自然之间的关系，探讨和关注人类生态环境的保护和建设中的现实问题。生态美学按照生态世界观，把人与自然、人与环境的关系作为一个生态系统和有机整体来研究。生态美学与传统存在论的美学观不同之处在于，它更强调从整体性和建设性的维度来理解美学。它把各种生态学原则吸收进美学，形成美学理论中的"绿色原则"。生态美学的提出，把生态美从一般形态的地位强化起来，提升出来，使得人们开始从美学角度关注生态问题，为美学的发展开辟了一个更加广阔的领域。

除此之外，还有一些人文社科类的绿色著作从不同学科、不同角度关心、阐释生态问题并提出解决之道，为人们的生态启蒙起到了重要的作用。代表性的有蕾切尔·卡逊的《寂静的春天》（1962年）、芭芭拉·沃德和勒内·杜博斯的《只有一个地球》（1972年）、丹尼斯·米都斯等的《增长的极限》（1972年）、巴里·康芒纳的《封闭的循环》

---

① ［英］戴维·佩珀. 生态社会主义：从深生态学到社会正义［M］. 刘颖，译. 济南：山东大学出版社，2012：3.

（1974 年）、唐纳德·沃斯特的《自然的经济体系》（1977 年）、佛朗索瓦·佩鲁的《新发展观》（1983 年）、卡洛琳·麦茜特的《自然之死》（1983 年）、霍尔姆斯·罗尔斯顿的《哲学走向荒野》（1986 年）、世界环境与发展委员会的《我们共同的未来》（1987 年）、艾伦·杜宁的《多少算够》（1992 年）等。

第三节　"绿水青山就是金山银山"理念的发展历程

"绿水青山就是金山银山"理念从萌芽到正式提出，再到发展、完善经历了一个较长的历史时期，其表达越来越完善、清晰，内涵越来越丰富，现实指导力越来越强。

一、从萌芽到正式提出

"绿水青山就是金山银山"理念的萌发地在福建将乐县。1997 年 4 月，时任福建省委副书记的习近平来到三明市将乐县调研，他发现当地有着极为良好的生态环境，故而在将乐县常口村有感而发："青山绿水是无价之宝。你们要画好山水画，扎实抓好山地开发，做好山水田文章。"① 易于发现，"青山绿水是无价之宝"的表达与后来提出的"绿水青山就是金山银山"本质内涵是相同的，都认可优美的生态环境蕴含着丰厚的社会财富。后来将乐县着力推动绿色发展，努力实现绿水青山价值，社会经济和生态环境取得了较大进展。②

"绿水青山就是金山银山"的诞生地在浙江安吉余村。余村原为安

---

① 本书编写组. 闽山闽水物华新——习近平福建足迹（下）[M]. 北京：人民出版社；福州：福建人民出版社，2022：583.
② 将乐县面积 2241 平方公里，全县森林覆盖率高达 81.3%，全年空气、水环境质量保持在全省前列，获评国家"两山"实践创新基地、国家生态文明建设示范县、国家森林康养基地、中国天然氧吧等多项"国字号"绿色荣誉。2020 年该县打造"绿水青山"赢得"金山银山"经验做法获得国务院通报表扬。2022 年该县实现地区生产总值 194.57 亿元，城镇居民人均可支配收入 43390 元，农村居民人均可支配收入 23724 元（数据来自将乐县人民政府官方网站：www.jiangle.gov.cn）。

吉县首富村，但是矿山经济在带来财富的同时也带来了严重的环境污染，并且矿上爆破频出事故，于是决定关停矿山和水泥厂，但这样一来村集体收入和村民就业就成了大问题：很多农民失业了，村集体收入从300万元下降到20余万元。余村党支部书记鲍新民表示余村摒弃了原来的粗放式发展道路，但对未来该如何发展存在疑虑，习近平认为关停矿山是高明之举："过去我们讲既要绿水青山，又要金山银山，其实绿水青山就是金山银山，本身，它有含金量。"①

2005年8月24日，习近平第一次以文字形式在《浙江日报》"之江新语"专栏指出"绿水青山也是金山银山"，并论及"绿水青山"转向"金山银山"的路径。全文如下：

> 我们追求人与自然的和谐，经济与社会的和谐，通俗地讲，就是既要绿水青山，又要金山银山。
>
> 我省"七山一水两分田"，许多地方"绿水逶迤去，青山相向开"，拥有良好的生态优势。如果能够把这些生态环境优势转化为生态农业、生态工业、生态旅游等生态经济的优势，那么绿水青山也就变成了金山银山。绿水青山可带来金山银山，但金山银山却买不到绿水青山。绿水青山与金山银山既会产生矛盾，又可辩证统一。在鱼和熊掌不可兼得的情况下，我们必须懂得机会成本，善于选择，学会扬弃，做到有所为、有所不为，坚定不移地落实科学发展观，建设人与自然和谐相处的资源节约型、环境友好型社会。在选择之中，找准方向，创造条件，让绿水青山源源不断地带来金山银山。②

二、理论的发展："冰天雪地也是金山银山"

自2005年"绿水青山就是金山银山"理念诞生后，其在理论层面

---

① 本书编写组. 干在实处　勇立潮头——习近平浙江足迹［M］. 杭州：浙江人民出版社；北京：人民出版社，2022：283.
② 习近平. 之江新语［M］. 杭州：浙江人民出版社，2007：153.

又不断得到发展，社会影响力也在逐渐扩大。

2006年3月8日，习近平在中国人民大学演讲中阐述了社会实践中人们对"绿水青山"和"金山银山"这"两座山"之间关系的认识经历了三个阶段：

> 人们在实践中对绿水青山和金山银山这"两座山"之间关系的认识经过了三个阶段：第一个阶段是用绿水青山去换金山银山，不考虑或者很少考虑环境的承载能力，一味索取资源。第二个阶段是既要金山银山，但是也要保住绿水青山，这时候经济发展和资源匮乏、环境恶化之间的矛盾开始凸显出来，人们意识到环境是我们生存发展的根本，要留得青山在，才能有柴烧。第三个阶段是认识到绿水青山可以源源不断地带来金山银山，绿水青山本身就是金山银山，我们种的常青树就是摇钱树，生态优势变成经济优势，形成了浑然一体、和谐统一的关系，这一阶段是一种更高的境界，体现了科学发展观的要求，体现了发展循环经济、建设资源节约型和环境友好型社会的理念。①

可见，关于"两座山"认识的第一个阶段实际上反映了改革开放以来我国发展的情况和当时人们的认知水平，我国人民穷怕了，人们只是想着如何吃饱饭、富起来，对生态环境的关注度不高；关于"两座山"认识的第二个阶段反映了20世纪90年代以来我国生态问题凸显，人们开始关注到经济发展或工业发展所带来的污染问题，生态意识开始觉醒；关于"两座山"认识的第三个阶段反映了进入21世纪以来，人们逐渐意识到生态环境保护与经济发展之间的统一而非简单对抗关系，这是对生态文明建设和绿色发展的一种更深层次的认知。

"绿水青山就是金山银山"理念的完整性表述出现在2013年9月。

---

① 习近平. 干在实处　走在前列——推进浙江新发展的思考与实践［M］. 北京：中共中央党校出版社，2006：198.

当时习近平在哈萨克斯坦纳扎尔巴耶夫大学发表演讲并回答学生提问时，更为系统地表达了关于绿水青山和金山银山之间关系的深入思考，形成了关于"绿水青山就是金山银山"理念正式而全面的表述："既要绿水青山，也要金山银山。宁要绿水青山，不要金山银山，而且绿水青山就是金山银山。"①

2015年4月，《中共中央　国务院关于加快推进生态文明建设的意见》指出："牢固树立尊重自然、顺应自然、保护自然的理念，坚持绿水青山就是金山银山，动员全党、全社会积极行动、深入持久地推进生态文明建设，加快形成人与自然和谐发展的现代化建设新格局，开创社会主义生态文明新时代。"2015年9月11日，中共中央政治局召开会议，审议通过了《生态文明体制改革总体方案》。该方案指出生态文明体制改革的基本理念是：（1）树立尊重自然、顺应自然、保护自然的理念；（2）树立发展和保护相统一的理念；（3）树立绿水青山就是金山银山的理念；（4）树立自然价值和自然资本的理念；（5）树立空间均衡的理念；（6）树立山水林田湖是一个生命共同体的理念。关于"绿水青山就是金山银山"，《生态文明体制改革总体方案》指出："树立绿水青山就是金山银山的理念，清新空气、清洁水源、美丽山川、肥沃土地、生物多样性是人类生存必需的生态环境，坚持发展是第一要务，必须保护森林、草原、河流、湖泊、湿地、海洋等自然生态。"

2015年11月，习近平在中央扶贫开发工作会议上的讲话，论及了贫困地区如何把绿水青山转化为金山银山，让人颇有启发。习近平总书记指出：

> 现在，贫困地区一说穷，就说穷在了山高沟深偏远。其实，不妨换个角度看，这些地方要想富，恰恰要在山水上做文章。要通过改革创新，让贫困地区的土地、劳动力、资产、自然风光等要素活

---

① 中共中央文献研究室. 习近平关于社会主义生态文明建设论述摘编［M］. 北京：中央文献出版社，2017：21.

起来，让资源变资产、资金变股金、农民变股东，让绿水青山变金山银山，带动贫困人口增收。①

2016 年 3 月，习近平在参加十二届全国人大四次会议黑龙江代表团审议时指出："绿水青山是金山银山，黑龙江的冰天雪地也是金山银山。"② 由此可见，"绿水青山就是金山银山"实质上是"改善生态环境就是发展生产力"的一种形象性表达。

三、理论的完善："生态本身就是经济"

2017 年 10 月，树立和践行"绿水青山就是金山银山"理念被写进党的十九大报告，成为党在生态文明建设方面的指导性思想。党的十九大报告指出："建设生态文明是中华民族永续发展的千年大计。必须树立和践行绿水青山就是金山银山的理念，坚持节约资源和保护环境的基本国策，像对待生命一样对待生态环境，统筹山水林田湖草系统治理，实行最严格的生态环境保护制度，形成绿色发展方式和生活方式，坚定走生产发展、生活富裕、生态良好的文明发展道路，建设美丽中国，为人民创造良好生产生活环境，为全球生态安全作出贡献。"③

2017 年 10 月，"绿水青山就是金山银山"理念被写进新修改的《中国共产党章程》之中。《中国共产党章程》"总纲"部分明确指出："中国共产党领导人民建设社会主义生态文明。树立尊重自然、顺应自然、保护自然的生态文明理念，增强绿水青山就是金山银山的意识，坚持节约资源和保护环境的基本国策，坚持节约优先、保护优先、自然恢复为主的方针，坚持生产发展、生活富裕、生态良好的文明发展道路。

① 中共中央文献研究室. 习近平关于社会主义生态文明建设论述摘编 [M]. 北京：中央文献出版社，2017：30.

② 冰雪春天｜冰天雪地也是金山银山 [EB/OL]. (2024 - 01 - 18). http：//politics. people. com. cn/n1/2024/0118/c1001 - 40161995. html.

③ 习近平. 决胜全面建成小康社会 夺取新时代中国特色社会主义伟大胜利——在中国共产党第十九次全国代表大会上的报告 [M]. 北京：人民出版社，2017：23 - 24.

着力建设资源节约型、环境友好型社会，实行最严格的生态环境保护制度，形成节约资源和保护环境的空间格局、产业结构、生产方式、生活方式，为人民创造良好生产生活环境，实现中华民族永续发展。"①

2020 年 3 月，习近平在浙江安吉县余村考察时，肯定了余村人民绿色发展和村民致富增收的做法，并指出："经济发展不能以破坏生态为代价，生态本身就是经济，保护生态就是发展生产力。"② "生态本身就是经济"的提法肯定了"保护生态环境就是保护生产力，改善生态环境就是发展生产力"，加深了我们对于生态生产力的理解。

2023 年 6 月 28 日，依据《全国人民代表大会常务委员会关于设立全国生态日的决定》，将 8 月 15 日（"绿水青山就是金山银山"诞生日）设立为全国生态日。

① 中国共产党章程［M］. 北京：人民出版社，2017：14 – 15.
② 新华社. 习近平在浙江考察时强调 统筹推进疫情防控和经济社会发展工作 奋力实现今年经济社会发展目标任务［EB/OL］.（2020 – 04 – 01）. http：//www. xinhuanet. com//politics/2020 – 04/01/c_1125799612. htm.

—————— | 第二章 | ——————

生态制度论：用最严格的制度、最严密的法治保护生态环境

　　实现"绿水青山"是"绿水青山就是金山银山"理念践行的重要目标，而要护美绿水青山就需要我们采用"最严格的制度、最严密的法治"。党的十八大以来，我国在生态环境保护上的制度、法治愈加完善，执行有力，为生态文明建设不断取得成效打下了良好的根基。

第一节　用最严格的制度保护生态环境

一、最严格的制度保护生态环境的必要性

　　历史地看，生态兴则文明兴，生态衰则文明衰。生态环境是人类生存与发展的基础，破坏了生态环境即自断生路。例如，两河流域的古巴比伦水量丰沛、土地肥沃、生态良好。距今6000年前，苏美尔人和阿卡德人在这片肥沃的美索不达米亚区域发展灌溉农业。人们用地势较高的幼发拉底河水灌溉农田，灌溉的水经地势较低的底格里斯河，再注入大海。他们的农业很成功，于是建立了宏伟的城邦。距今4000年前，阿摩利人征服了这片区域，建立了古巴比伦国，并形成了灿烂的巴比伦文明。由于古巴比伦人对森林的过度砍伐，加上当地的地中海气候特质，致使河道淤塞。在这种情形下，人们只能开挖更多的灌溉渠道，逐渐形成恶性循环，水越来越难以流入农田。特别地，古巴比伦人只知道用水去灌溉农田，却不会排水洗田，导致土地高度盐碱化。再加上其他

一些原因，该文明后来衰落了（葛翁，2021）。所以，生态既能载文明之舟，亦能覆之（王丹，2015）。

恩格斯在《自然辩证法》中提到，美索不达米亚、希腊、小亚细亚以及其他一些地方的居民，毁林垦荒，但是他们怎么也想不到，后来这些地方竟成为不毛之地。生活在阿尔卑斯山的意大利人，由于砍伐了山上的枞树林，没有预料到的是山泉竟然在一年当中的大部分时间都枯竭了，同时还导致了雨季来临时，更加凶猛的洪水倾泻到平原上。

史书记载，我国历史上的黄土高原、太行山脉、渭河流域曾为森林茂密、水草丰美、宜耕宜居之地，但由于过度的乱砍滥伐，破坏了森林，这些地方的生态环境遭到极大破坏，人们生活受到极大影响。楼兰在公元前 2 世纪以前，曾是著名的西域 36 国之一，是丝绸之路上的重镇。全盛时期的楼兰地势平坦、河网密布、植被茂盛。公元 4 世纪，由于上游河流改道，加上人们没有很好地保护好生态环境，水源减少，树林枯死，绿洲消失，楼兰人不得不逃亡（葛翁，2021）。"塔克拉玛干沙漠的蔓延，湮没了盛极一时的丝绸之路。河西走廊沙漠的扩展，毁坏了敦煌古城。科尔沁、毛乌素沙地和乌兰布和沙漠的蚕食，侵占了富饶美丽的蒙古草原。楼兰古城因屯垦开荒、盲目灌溉，导致孔雀河改道而衰落。河北北部的围场，早年树海茫茫、水草丰美，但从同治年间开围放垦，致使千里松林几乎荡然无存，出现了几十万亩的荒山秃岭。这些深刻教训，我们一定要认真吸取。"①

人类进入工业文明时代以来创造了巨大的财富，但同时也加大了对自然的榨取，打破了地球原本的生态平衡。1930 年以来，一些西方国家如比利时、英国、美国、日本等相继发生了多起震惊世界的公害事件，人民群众的生命健康受到了极大威胁。近年来，气候变暖、生物多样性减少、荒漠化加剧、极端天气频发等生态问题愈演愈烈，给人类的生存与发展带来严峻挑战。可以说，古今中外的种种案例和事实充分说

---

① 习近平著作选读（第一卷）[M]. 北京：人民出版社，2023：432 – 433.

明，只有尊重自然规律、按照自然规律办事，人类才能在发展的道路上少走弯路。如果不尊重自然，不按照自然规律办事，就会遭到"自然的报复"。

改革开放以来，我国生态环境趋于恶化，人民群众有一些不满情绪。党和政府非常关心人民的诉求，做了越来越多的改革，逐渐强化了生态环境管理部门的地位，并且全国人大也出台了越来越严厉的系列环保法律。然而，相对于现实所需，过往出台的改革或法律文件尚不能有效应对问题的解决。这就是说，生态问题越抓越严格，这是相对于历史而言的，但针对现实的情形而言还是远远不够的。例如，由于缺少严格的领导干部环境责任追究制度，导致一些地方官员为了大力发展社会经济，往往置生态环境保护而不顾，生态环境工作成了"说起来重要，干起来次要"的事情。而环境部门在一味追求经济增长的大背景下，往往处境尴尬，很多环保部门干部顶得住上面官员压力就干不长久，想干得长久就得屈服上级领导意志，不得不触碰环境底线。因此，必须使用最严格的制度与最严密的法治才能确保当前我国的生态文明建设取得显著的改善。

党的十八大以来，习近平总书记关于生态文明建设提出了一系列新理念新思想新战略，污染治理力度前所未有，制度出台频度密集，终于推动我国生态文明建设发生了历史性与全局性的改善。特别是中央生态环境保护督察制度建得好，敢于动真格，成为推动地方党委和政府落实保护生态环境职责的重要推手。由于大量制度与法律的设立，我国生态环境有了扎实的制度基础，环境的改善不但是可能的而且是必然的。比如，领导干部考核机制的改变和生态环境责任追究制度的出台，彻底改变了过往地方官员盲目追求经济增长速度、仅以 GDP 论英雄的思维惯性，增强了他们的生态环境保护动力，为地方环境改善奠定了扎实的制度基础。

二、建立最严格的制度保护生态环境

解决生态问题，需要建立最严格的生态保护制度。我国建立的最严格的保护生态环境制度主要包括以下六个方面。①

一是资源生态环境管理制度。以往我国生态文明建设的一个突出问题是，全民所有自然资源资产的所有权与管理权职责未清晰界定。生态环境归多个部门或区块管理，谁都在管，但谁都管得不彻底。土地、矿产归国土资源部门管，草原归林业部门管，水污染归生态环境部门管，水土保持归水利部门管理，非法捕捞归渔政部门管理，如此等等。因而，自然资源的产权与管理权关系厘清非常重要。改革总的思路是按照所有者、管理者分开，各司其职、相互配合、相互监督、相互独立，即：使国有自然资源资产所有权人行使监督的权利，国家自然资源管理者行使管理的权利。2018 年 4 月，我国先后成立自然资源部和生态环境部，前者行使自然资源所有权人的权利，后者对资源行使生态环境保护的职责。

资源生态环境管理制度有一项重要内容是划定"生态红线"。生态保护红线是指："在生态空间范围内具有特殊重要生态功能、必须强制性严格保护的区域，是保障和维护国家生态安全的底线和生命线，通常包括具有重要水源涵养、生物多样性维护、水土保持、防风固沙、海岸生态稳定等功能的生态功能重要区域，以及水土流失、土地沙化、石漠化、盐渍化等生态环境敏感脆弱区域。"② 守住自然生态安全边界是守住我国永续发展的底线，生态红线是不得触碰的高压线和发展底线。生态红线划定后的要求是：保护性质不改变，生态功能不降低，空间面积不减少。

2015 年 5 月，环境保护部印发《生态保护红线划定技术指南》。2017 年 5 月，环境保护部和国家发改委发布《生态保护红线划定指

---

① 习近平指出："从制度上来说，我们要建立健全资源生态环境管理制度，加快建立国土空间开发保护制度，强化水、大气、土壤等污染防治制度，建立反映市场供求和资源稀缺程度、体现生态价值、代际补偿的资源有偿使用制度和生态补偿制度，健全生态环境保护责任追究制度和环境损害赔偿制度，强化制度约束作用。"参见：中共中央文献研究室. 习近平关于社会主义生态文明建设论述摘编［M］. 北京：中央文献出版社，2017：100.

② 环境保护部、国家发展改革委印发的《生态保护红线划定指南》对"生态保护红线"的内涵界定。

南》，指导全国生态保护划定工作。

二是国土空间开发保护制度。我国国土面积庞大，类型多样，有山地、高原、平原、盆地和丘陵，其中西部多山地、高原、盆地，东部多平原和丘陵。我国国土中，60%的区域为高原和山地，可用于工业化城镇化或其他方面建设的区域仅占国土面积的3%。从陆地国土面积来看，属于国家重点生态功能区的有386万平方公里，属于国家禁止开发区域的有120万平方公里。从区域人口分布来看，黑河—腾冲线以东面积占全国43%，而人口占全国的94%。从水资源看，我国水资源中南方地区占据了81%，而北方地区仅占19%。由此可见，各地人口与资源分布差异较大，在这样的情况下开展好生态文明建设着实是一个巨大挑战。国土是生态文明建设的空间载体，因而必须对国土做好统筹规划与顶层设计。科学规划国土空间发展格局，需要我们按照人口与资源环境相均衡、经济社会发展与生态环境保护相统一的原则，统筹国土利用、经济布局、人口分布和生态环境保护，科学布局生产空间、生活空间、生态空间。

关于整体谋划国土空间开发，实施主体功能区战略非常重要。主体功能区战略，是我国加强生态环境保护的重要途径，必须坚定地去加以实施。具体来说，就是把国土按照生态环境的状况进行功能划分，主体功能定位包括优化开发、重点开发、限制开发、禁止开发四种类型。我国发展总的思路是，在重要的生态功能区和生态环境脆弱、敏感的地区，划定生态红线并坚决严守，在划定生态红线之外的区域则根据情况构建科学合理的城镇化推进格局和工农业发展格局，保障全国和地区的生态安全。

三是污染防治制度。污染防治制度是为了更好治理我国当前突出生态问题而建构的系列制度。主要包括：其一，大气污染防治制度。关于大气的污染防治，我国提出了压减燃煤、严格控车、调整产业、强化管理、联防联控、依法治理等重大举措。其二，水污染防治制度。我国的治水范围包括：（1）江河、湖泊、运河、渠道、水库等地表水体；（2）地下水体；（3）海洋水体。关于上述的（1）和（2），我国颁布了《中华人民共和国水污染防治法》（1984 年制定，1996 年、2017 年修正，2008 年修订）；关于（3），我国颁布了《中华人民共和国海洋环境保护法》（1982 年制定，并于 2013 年、2016 年、2017 年进行了三次修正）。不仅如此，我国还在全国范围广泛施行了"河长制""湖长制"，以更好地保护地表水。其三，土壤污染防治制度。针对土地过度开发的问题，我国提出"耕地轮作休耕"及退耕还林还草等举措。关于农药使用和化肥使用等影响土壤的行为，我国从维护人民食品安全维度提出加强管理和治理。从部门职责来说，生态环境部负责各类污染的排放监管与执法，保障国家生态安全。

四是资源有偿使用制度和生态补偿制度。在一些国家和地区，由于公共自然资源可以免费使用，导致了其被社会无序地过度地开发使用，最后破坏了自然环境，学术界对此称为"公用地悲剧"。为了更好地保护自然资源特别是公共自然资源如土地、水流、矿藏、森林、草原、山岭、荒地、海域、无居民海岛、滩涂等，有必要建立资源有偿使用制度。2017 年 1 月，中共中央办公厅和国务院办公厅联合发文《关于创新政府配置资源方式的指导意见》，要求以建立产权制度为基础，对公共资源实行有偿获得和使用。文件要求："对于适宜由市场化配置的公共资源，要充分发挥市场机制作用，切实遵循价值规律，建立市场竞争优胜劣汰机制，实现资源配置效益最大化和效率最优化。对于不完全适宜由市场化配置的公共资源，要引入竞争规则，充分体现政府配置资源的引导作用，实现政府与市场作用有效结合。对于需要通过行政方式配置的公共资源，要遵循规律，注重运用市场机制，实现更有效率的公平性和均等化。通过创新公共资源配置方式，促进经济社会持续健康发展。"

强调生态补偿的原因如下：其一，从中央到地方的财政支付转移可以让既是贫困落后地区又是环境保护地区的人们富裕起来，以体现社会公平正义；其二，通过这种补偿，能够改善当地的经济条件和生态条件，防止当地居民为了发展经济而破坏生态环境。2021 年 9 月，为了深化生态保护补偿制度改革，中共中央办公厅和国务院办公厅联合发文

《关于深化生态保护补偿制度改革的意见》，并发出通知要求各地参照贯彻落实。文件要求："加快健全有效市场和有为政府更好结合、分类补偿与综合补偿统筹兼顾、纵向补偿与横向补偿协调推进、强化激励与硬化约束协同发力的生态保护补偿制度，推动全社会形成尊重自然、顺应自然、保护自然的思想共识和行动自觉，做好碳达峰、碳中和工作，加快推动绿色低碳发展，促进经济社会发展全面绿色转型，建设人与自然和谐共生的现代化。"

五是责任追究制度。在我国，党政领导干部对于一个地区的发展起着极为重要的作用。在现实工作中，生态环境保护能否落到实处，关键要看领导干部是否负责任、是否作为，一些地方环保意识不强、执行不到位背后的原因往往跟不负责任、不作为、不追求环保的领导干部有关。所以加强对领导干部生态责任追究就会约束只求经济发展而忽视生态环境保护的行为，这对生态文明建设具有非常重要的意义。与责任追究制度相关的是完善经济社会发展考核评价体系，即把一个地区资源消耗、环境损害、生态效益等的生态性指标纳入对领导干部的经济社会发展评价体系中去。这样，生态文明建设就成了一个地方领导干部考核工作的内容之一，领导干部有了约束和动力，自然就会倾向于保护生态环境。

2015 年 8 月，中共中央办公厅、国务院办公厅联合印发《党政领导干部生态环境损害责任追究办法（试行）》（以下简称《办法》），要求各地区遵照执行。《办法》适用于县级以上地方各级党委和政府及其有关工作部门的领导成员，中央和国家机关有关工作部门领导成员；上列工作部门的有关机构领导人员。《办法》要求：地方各级党委和政府对本地区生态环境和资源保护负总责，党委和政府主要领导成员承担主要责任，其他有关领导成员在职责范围内承担相应责任；中央和国家机关有关工作部门、地方各级党委和政府的有关工作部门及其有关机构领导人员按照职责分别承担相应责任。

六是环境损害赔偿制度。中共十八届三中全会明确提出，对造成生态环境损害的责任者严格实行赔偿制度。2017 年 12 月，中共中央办公厅、国务院办公厅印发《生态环境损害赔偿制度改革方案》，意图通过在全国范围内试行生态环境损害赔偿制度，进一步明确生态环境损害赔偿范围、责任主体、索赔主体、损害赔偿解决途径等，形成相应的鉴定评估管理和技术体系、资金保障和运行机制，逐步建立关于生态环境损害的修复和赔偿制度计划。该方案计划到 2020 年在全国范围内初步构建责任明确、途径畅通、技术规范、保障有力、赔偿到位、修复有效的生态环境损害赔偿制度。

2019 年 5 月 20 日，最高人民法院审判委员会第 1769 次会议讨论通过《最高人民法院关于审理生态环境损害赔偿案件的若干规定（试行）》（以下简称《规定》），此《规定》于 2019 年 6 月 5 日起正式施行。《规定》第一条为："具有下列情形之一，省级、市地级人民政府及其指定的相关部门、机构，或者受国务院委托行使全民所有自然资源资产所有权的部门，因与造成生态环境损害的自然人、法人或者其他组织经磋商未达成一致或者无法进行磋商的，可以作为原告提起生态环境损害赔偿诉讼：（一）发生较大、重大、特别重大突发环境事件的；（二）在国家和省级主体功能区规划中划定的重点生态功能区、禁止开发区发生环境污染、生态破坏事件的；（三）发生其他严重影响生态环境后果的。"《规定》的出台有利于正确审理生态环境损害赔偿案件，依法追究损害生态环境责任者的赔偿责任，起到严格保护生态环境的作用。

第二节　用最严密的法治保护生态环境

法律是一个国家长治久安的根本保障。法者，治国之重器也。《墨子·法仪》中说："天下从事者，不可以无法仪，无法仪而其事能成者，无有也。"党的十八大以来，我国注重通过法律的制修订及其严格执行来维护国家和社会的长治久安，生态环境保护领域亦不例外。为了中华民族的长远未来及人民群众的健康，为了尽到一个世界大国的责任，党中央强调从法治的角度来保护生态环境，并提出要建构最严格的生态法治。

一、制定最严格的生态环境法律

孙佑海教授将我国生态环境法律的制定分为三个时期，即起步阶段、发展阶段和进入生态文明新阶段。起步阶段是从 1949 年 10 月新中国成立到 1978 年底党的十一届三中全会召开之前，发展阶段是从 1979 年到 2012 年党的十八大召开之前，进入生态文明新阶段是从 2012 年 11 月党的十八大召开至今。在起步阶段，我国的环境立法已经提上了工作日程并取得了一定成绩，代表性的立法有：《政务院关于发动群众开展造林、育林、护林工作的指示》（1953 年）、《国家建设征用土地办法》（1953 年）、《工厂安全卫生规程》（1956 年）、《狩猎管理办法（草案）》（1956 年）、《水产资源繁殖保护条例（草案）》（1957 年）、《关于注意处理工矿企业排出有毒废水、废气问题的通知》（1957 年）、《水土保持暂行纲要》（1957 年）、《放射性工作卫生防护暂行规定》（1960 年）、中共中央批转的《关于工业废水危害情况和加强处理利用的报告》（1960 年）、《国务院关于积极保护合理利用野生动物资源的指示》（1962 年）、《森林保护条例》（1963 年）、《城市工业废水、生活污水管理暂行规定（草案）》（1964 年）、《放射性同位素工作卫生防护管理办法（试行）》（1964 年）、《矿产资源保护试行条例》（1965 年）、《关于加强山林保护管理，制止破坏山林、树木的通知》（1967 年）等。在发展阶段，我国制定了《中华人民共和国环境保护法（试行）》（1979 年）、《中华人民共和国海洋环境保护法》（1982 年，以下简称《海洋环境保护法》）、《中华人民共和国水污染防治法》（1984 年，以下简称《水污染防治法》）、《中华人民共和国大气污染防治法》（1987 年，以下简称《大气污染防治法》）、《中华人民共和国草原法》（1985 年，以下简称《草原法》）、《中华人民共和国矿产资源法》（1986 年，以下简称《矿产资源法》）、《中华人民共和国水法》（1988 年，以下简称《水法》）、《中华人民共和国野生动物保护法》（1988 年，以下简称《野生动物保护法》）等有关污染防治和自然资源保护方面的法律法规。面对严峻的环境形势，不仅环境法行动起来，民法、刑法、诉讼法等也积极投入同环境污染和生态破坏行为作斗争的行列之中。党的十八大以来，我国生态立法有了新的重大进展：2012 年修正了《中华人民共和国农业法》《中华人民共和国清洁生产促进法》《中华人民共和国民事诉讼法》（以下简称《民事诉讼法》）；2013 年修正了《中华人民共和国草原法》《中华人民共和国渔业法》《中华人民共和国煤炭法》《中华人民共和国海洋环境保护法》《中华人民共和国固体废物污染环境防治法》；2014 年修正了《中华人民共和国气象法》；2015 年修正了《中华人民共和国城乡规划法》《中华人民共和国畜牧法》《中华人民共和国固体废物污染环境防治法》《中华人民共和国电力法》《中华人民共和国文物保护法》，修订了《大气污染防治法》；2016 年制定了《中华人民共和国环境保护税法》（以下简称《环境保护税法》）、《中华人民共和国深海海底区域资源勘探开发法》，修正了《水法》《中华人民共和国防洪法》《中华人民共和国环境影响评价法》《中华人民共和国节约能源法》（以下简称《节约能源法》），修订了《野生动物保护法》；2017 年通过了《中华人民共和国民法总则》①（以下简称《民法总则》），修正了《水污染防治法》《民事诉讼法》和《中华人民共和国行政诉讼法》（以下简称《行政诉讼法》）。其中，《民法总则》规定了绿色原则；《民事诉讼法》规定检察院以及法律规定的机关和有关组织可以向法院提起环境民事公益诉讼；《行政诉讼法》规定检察院可以依法向法院提起环境行政公益诉讼，是环境法治向纵深发展的一个显著标志（孙佑海，2019）。

党的十八大以来，我国立法与时俱进，新制定了《环境保护税法》(2016 年)、《中华人民共和国核安全法》（2017 年，以下简称《核安全法》）、《中华人民共和国土壤污染防治法》（2018 年，以下简称《土壤污染防治法》）、《中华人民共和国长江保护法》（2020 年，以下简称《长江保护法》）、《中华人民共和国湿地保护法》（2021 年，以下简称

---

① 《中华人民共和国民法典》自 2021 年 1 月 1 日起施行，《中华人民共和国民法总则》同时废止。

《湿地保护法》）、《中华人民共和国黄河保护法》（2022 年，以下简称《黄河保护法》）、《中华人民共和国黑土地保护法》（2022 年，以下简称《黑土地保护法》）、《中华人民共和国青藏高原生态保护法》（2023 年，以下简称《青藏高原生态保护法》）、《生态保护补偿条例》（2024 年）等生态环境法律，并对关涉生态环境的相关重要法律如《中华人民共和国宪法》（以下简称《宪法》）、《中华人民共和国环境保护法》（以下简称《环境保护法》）、《中华人民共和国森林法》（以下简称《森林法》）、《中华人民共和国循环经济促进法》（以下简称《循环经济促进法》）进行了修正或修订。另外，2021 年颁布的《中华人民共和国民法典》中也有大量的生态环境保护条款。①

下面分类介绍一些代表性生态环境法律。

第一类：涉及生态环境的统领性或综合性法律——《宪法》《环境保护法》。

《宪法》是我国的根本大法，具有最高的法律效力。《宪法》序言提到："中国各族人民将继续在中国共产党领导下，在马克思列宁主义、毛泽东思想、邓小平理论、'三个代表'重要思想、科学发展观、习近平新时代中国特色社会主义思想指引下，坚持人民民主专政，坚持社会主义道路，坚持改革开放，不断完善社会主义的各项制度，发展社会主义市场经济，发展社会主义民主，健全社会主义法治，贯彻新发展理念，自力更生，艰苦奋斗，逐步实现工业、农业、国防和科学技术的现代化，推动物质文明、政治文明、精神文明、社会文明、生态文明协调发展，把我国建设成为富强民主文明和谐美丽的社会主义现代化强国，实现中华民族伟大复兴。"可以看到，序言中提到的"贯彻新发展理念""推动生态文明发展"，以及把我国建设成为内涵"美丽"的社会主义现代化强国目标都与生态环境保护直接相关。《宪法》第九条讲

---

① 《中华人民共和国民法典》第一编第一章"基本规定"中的第九条规定："民事主体从事民事活动，应当有利于节约资源、保护生态环境。"第七编第七章"环境污染和生态破坏责任"，包括第一千二百二十九～一千二百三十五条，都是关于生态环境侵权责任的规定。

的是"自然资源"内容，规定："矿藏、水流、森林、山岭、草原、荒地、滩涂等自然资源，都属于国家所有，即全民所有；由法律规定属于集体所有的森林和山岭、草原、荒地、滩涂除外。国家保障自然资源的合理利用，保护珍贵的动物和植物。禁止任何组织或者个人用任何手段侵占或者破坏自然资源。"该条指明了一些国家重要自然资源的所有权归属问题，对我们理解社会主义生态文明建设非常重要。《宪法》第二十六条是关于"环境保护"的内容："国家保护和改善生活环境和生态环境，防治污染和其他公害。国家组织和鼓励植树造林，保护林木。"第二十六条涉及"生态环境保护"领域的三个重点：一是保护和改善环境；二是防治污染和其他公害；三是组织和鼓励植树造林。

《环境保护法》是关于生态环境保护的一个重要、系统的法令，于1989年12月26日由第七届全国人民代表大会常务委员会第十一次会议通过，并在2014年4月进行了修订。修订后的《环境保护法》被人们称为"史上最严"《环境保护法》。该法明确了生态环境保护的责任人（地方各级人民政府），细化到县级人民政府的环境保护职责所在；明确了环境信息公开制度（如重点排污单位应当如实向社会公开其主要污染物的名称、排放方式、排放浓度和总量、超标排放情况，以及防治污染设施的建设和运行情况，接受社会监督），指出公民、法人和其他组织依法享有获取环境信息、参与和监督环境保护的权利；开启了环境公益诉讼制度，即对破坏生态环境的行为，符合条件的社会组织可以向人民法院提起诉讼；并且对环境污染者和没有履行好环境监管责任的部门进行严格惩处。关于对环境污染者和没有履行好环境监管责任部门的惩处，第六十三条规定，企业事业单位和其他生产经营者有严重破坏生态环境四种行为之一的①，尚不构成犯罪的，除依照有关法律法规规定予

---

① 这四种行为是：（一）建设项目未依法进行环境影响评价，被责令停止建设，拒不执行的；（二）违反法律规定，未取得排污许可证排放污染物，被责令停止排污，拒不执行的；（三）通过暗管、渗井、渗坑、灌注或者篡改、伪造监测数据，或者不正常运行防治污染设施等逃避监管的方式违法排放污染物的；（四）生产、使用国家明令禁止生产、使用的农药，被责令改正，拒不改正的。

以处罚外，由县级以上人民政府环境保护主管部门或者其他有关部门将案件移送公安机关，对其直接负责的主管人员和其他直接责任人员，处十日以上十五日以下拘留；情节较轻的，处五日以上十日以下拘留。第六十八条明确，对地方各级人民政府、县级以上人民政府环境保护主管部门和其他负有环境保护监督管理职责的部门有严重破坏生态环境九种相关行为①之一的进行严惩："对直接负责的主管人员和其他直接责任人员给予记过、记大过或者降级处分；造成严重后果的，给予撤职或者开除处分，其主要负责人应当引咎辞职。"《环境保护法》第六十九条更是明确指出："违反本法规定，构成犯罪的，依法追究刑事责任。"

第二类：污染防治法——《大气污染防治法》《水污染防治法》《土壤污染防治法》。

《大气污染防治法》主要包括：第一章"总则"；第二章"大气污染防治标准和限期达标规划"；第三章"大气污染防治的监督管理"；第四章"大气污染防治措施"；第五章"重点区域大气污染联合防治"；第六章"重污染天气应对"；第七章"法律责任"；第八章"附则"。值得注意的是第七章"法律责任"，多达三十条内容（从第九十八条到第一百二十七条）。其中第九十九条规定，对"未依法取得排污许可证排放大气污染物的"或"超过大气污染物排放标准或者超过重点大气污染物排放总量控制指标排放大气污染物的"或"通过逃避监管的方式排放大气污染物的"，由县级以上人民政府生态环境主管部门责令改正或者限制生产、停产整治，并处十万元以上一百万元以下的罚款；情节严重的，报经有批准权的人民政府批准，责令停业、关闭。第一百零三条明确，对"销售不符合质量标准的煤炭、石油焦的"或"生产、销

---

① 这九种行为是：（一）不符合行政许可条件准予行政许可的；（二）对环境违法行为进行包庇的；（三）依法应当作出责令停业、关闭的决定而未作出的；（四）对超标排放污染物、采用逃避监管的方式排放污染物、造成环境事故以及不落实生态保护措施造成生态破坏等行为，发现或者接到举报未及时查处的；（五）违反本法规定，查封、扣押企业事业单位和其他生产经营者的设施、设备的；（六）篡改、伪造或者指使篡改、伪造监测数据的；（七）应当依法公开环境信息而未公开的；（八）将征收的排污费截留、挤占或者挪作他用的；（九）法律法规规定的其他违法行为。

售挥发性有机物含量不符合质量标准或者要求的原材料和产品的"或"生产、销售不符合标准的机动车船和非道路移动机械用燃料、发动机油、氮氧化物还原剂、燃料和润滑油添加剂以及其他添加剂的"或"在禁燃区内销售高污染燃料的"，由县级以上地方人民政府市场监督管理部门责令改正，没收原材料、产品和违法所得，并处货值金额一倍以上三倍以下的罚款。第一百二十二条明确，对造成大气污染事故的行为进行严厉处罚："违反本法规定，造成大气污染事故的，由县级以上人民政府生态环境主管部门依照本条第二款的规定处以罚款；对直接负责的主管人员和其他直接责任人员可以处上一年度从本企业事业单位取得收入百分之五十以下的罚款。对造成一般或者较大大气污染事故的，按照污染事故造成直接损失的一倍以上三倍以下计算罚款；对造成重大或者特大大气污染事故的，按照污染事故造成的直接损失的三倍以上五倍以下计算罚款。"当然，违反该法规定，构成犯罪的，依法追究刑事责任（第一百二十七条）。

《水污染防治法》共分八章，分别是：第一章"总则"；第二章"水污染防治的标准和规划"；第三章"水污染防治的监督管理"；第四章"水污染防治措施"；第五章"饮用水水源和其他特殊水体保护"；第六章"水污染事故处置"；第七章"法律责任"；第八章"附则"。《水污染防治法》对于污染水体的行为处罚严厉。第九十四条规定："企业事业单位违反本法规定，造成水污染事故的，除依法承担赔偿责任外，由县级以上人民政府环境保护主管部门依照本条第二款的规定处以罚款，责令限期采取治理措施，消除污染；未按照要求采取治理措施或者不具备治理能力的，由环境保护主管部门指定有治理能力的单位代为治理，所需费用由违法者承担；对造成重大或者特大水污染事故的，还可以报经有批准权的人民政府批准，责令关闭；对直接负责的主管人员和其他直接责任人员可以处上一年度从本单位取得的收入百分之五十以下的罚款；有《中华人民共和国环境保护法》第六十三条规定的违法排放水污染物等行为之一，尚不构成犯罪的，由公安机关对直接负责的主管人员和其他直接责任人员处十日以上十五日以下的拘留；情节较轻的，处五日以上十日以下的拘留。对造成一般或者较大水污染事故的，按照水污染事故造成的直接损失的百分之二十计算罚款；对造成重大或者特大水污染事故的，按照水污染事故造成的直接损失的百分之三十计算罚款。"第一百零一条规定："违反本法规定，构成犯罪的，依法追究刑事责任。"

《土壤污染防治法》于 2018 年 8 月通过，于 2019 年 1 月 1 日起施行。该法旨在"保护和改善生态环境，防治土壤污染，保障公众健康，推动土壤资源永续利用，推进生态文明建设，促进经济社会可持续发展"（见第一条）。该法第五条指出："地方各级人民政府应当对本行政区域土壤污染防治和安全利用负责。"第七条指出："国务院生态环境主管部门对全国土壤污染防治工作实施统一监督管理；国务院农业农村、自然资源、住房城乡建设、林业草原等主管部门在各自职责范围内对土壤污染防治工作实施监督管理。地方人民政府生态环境主管部门对本行政区域土壤污染防治工作实施统一监督管理；地方人民政府农业农村、自然资源、住房城乡建设、林业草原等主管部门在各自职责范围内对土壤污染防治工作实施监督管理。"该法第八十七条规定："违反本法规定，向农用地排放重金属或者其他有毒有害物质含量超标的污水、污泥，以及可能造成土壤污染的清淤底泥、尾矿、矿渣等的，由地方人民政府生态环境主管部门责令改正，处十万元以上五十万元以下的罚款；情节严重的，处五十万元以上二百万元以下的罚款，并可以将案件移送公安机关，对直接负责的主管人员和其他直接责任人员处五日以上十五日以下的拘留；有违法所得的，没收违法所得。"第九十八条规定："违反本法规定，构成违反治安管理行为的，由公安机关依法给予治安管理处罚；构成犯罪的，依法追究刑事责任。"

第三类：不同性质国土的生态环境保护法律——《森林法》《草原法》《湿地保护法》。

《森林法》第一条指出："为了践行绿水青山就是金山银山理念，保护、培育和合理利用森林资源，加快国土绿化，保障森林生态安全，建设生态文明，实现人与自然和谐共生，制定本法。"第四条指出：

"国家实行森林资源保护发展目标责任制和考核评价制度。上级人民政府对下级人民政府完成森林资源保护发展目标和森林防火、重大林业有害生物防治工作的情况进行考核，并公开考核结果。"这有利于我们达成既定目标，实现森林资源永续利用。第四条还提出："地方人民政府可以根据本行政区域森林资源保护发展的需要，建立林长制。"第四十二条对国家"造林绿化"作出了原则规定："国家统筹城乡造林绿化，开展大规模国土绿化行动，绿化美化城乡，推动森林城市建设，促进乡村振兴，建设美丽家园。"第七十六条明确了对滥伐、盗伐树木给予的严重处罚："盗伐林木的，由县级以上人民政府林业主管部门责令限期在原地或者异地补种盗伐株数一倍以上五倍以下的树木，并处盗伐林木价值五倍以上十倍以下的罚款。滥伐林木的，由县级以上人民政府林业主管部门责令限期在原地或者异地补种滥伐株数一倍以上三倍以下的树木，可以处滥伐林木价值三倍以上五倍以下的罚款。"第八十二条指出："违反本法规定，构成违反治安管理行为的，依法给予治安管理处罚；构成犯罪的，依法追究刑事责任。"

《草原法》第一条指出："为了保护、建设和合理利用草原，改善生态环境，维护生物多样性，发展现代畜牧业，促进经济和社会的可持续发展，制定本法。"第三条确立了国家对草原保护的基本方略："国家对草原实行科学规划、全面保护、重点建设、合理利用的方针，促进草原的可持续利用和生态、经济、社会的协调发展"。第五条明确规定："任何单位和个人都有遵守草原法律法规、保护草原的义务，同时享有对违反草原法律法规、破坏草原的行为进行监督、检举和控告的权利。"第六十一条指出了国家相关工作人员违反相关规定而应受到的处罚："草原行政主管部门工作人员及其他国家机关有关工作人员玩忽职守、滥用职权，不依法履行监督管理职责，或者发现违法行为不予查处，造成严重后果，构成犯罪的，依法追究刑事责任；尚不够刑事处罚的，依法给予行政处分。"第六十七条指出："在荒漠、半荒漠和严重退化、沙化、盐碱化、石漠化、水土流失的草原，以及生态脆弱区的草原上采挖植物或者从事破坏草原植被的其他活动的，由县级以上地方人民政府草原行政主管部门依据职权责令停止违法行为，没收非法财物和违法所得，可以并处违法所得一倍以上五倍以下的罚款；没有违法所得的，可以并处五万元以下的罚款；给草原所有者或者使用者造成损失的，依法承担赔偿责任。"

《湿地保护法》于 2021 年 12 月 24 日通过，自 2022 年 6 月 1 日起施行。该法第一条指出："为了加强湿地保护，维护湿地生态功能及生物多样性，保障生态安全，促进生态文明建设，实现人与自然和谐共生，制定本法。"第三条指出了湿地保护的原则："湿地保护应当坚持保护优先、严格管理、系统治理、科学修复、合理利用的原则。"第四条指出了湿地保护的负责人——县级以上人民政府。第五条指出了湿地资源的监督管理者——国务院林业草原主管部门。第十一条指出："任何单位和个人都有保护湿地的义务，对破坏湿地的行为有权举报或者控告，接到举报或者控告的机关应当及时处理，并依法保护举报人、控告人的合法权益。"该法明确了国家建立湿地资源调查评价制度（第十二条），实行湿地面积总量管控制度（第十三条），建立湿地生态保护补偿制度（第三十六条）。第五十八条指出："违反本法规定，未编制修复方案修复湿地或者未按照修复方案修复湿地，造成湿地破坏的，由省级以上人民政府林业草原主管部门责令改正，处十万元以上一百万元以下罚款。"第六十二条指出："违反本法规定，构成违反治安管理行为的，由公安机关依法给予治安管理处罚；构成犯罪的，依法追究刑事责任。"

第四类：涉及我国不同区域的生态环境立法——《长江保护法》《黄河保护法》《青藏高原生态保护法》《黑土地保护法》。

《长江保护法》于 2020 年 12 月 26 日经第十三届全国人民代表大会常务委员会第二十四次会议通过。该法第三条指出："长江流域经济社会发展，应坚持生态优先、绿色发展，共抓大保护、不搞大开发"；长江保护应当坚持统筹协调、科学规划、创新驱动、系统治理。"第七条明确了国家有关机构分工负责长江流域保护工作："国务院生态环境、自然资源、水行政、农业农村和标准化等有关主管部门按照职责分工，建立健全长江流域水环境质量和污染物排放、生态环境修复、水资源节约集约利用、生态流量、生物多样性保护、水产养殖、防灾减灾等标准体系。"第八条指出："国务院自然资源主管部门会同国务院有关部门定期组织长江流域土地、矿产、水流、森林、草原、湿地等自然资源状况调查，建立资源基础数据库，开展资源环境承载能力评价，并向社会公布长江流域自然资源状况。"为了保护生态环境，第二十六条指出："禁止在长江干支流岸线一公里范围内新建、扩建化工园区和化工项目。禁止在长江干流岸线三公里范围内和重要支流岸线一公里范围内新建、改建、扩建尾矿库；但是以提升安全、生态环境保护水平为目的的改建除外。"为了做好水污染防治工作，国务院生态环境主管部门负责制定长江流域水环境质量标准（第四十四条）；并且要求有关省级政府制定更为严格的总磷排放管控要求，有效控制总磷排放总量（第四十六条）。关于长江流域推动经济发展，第六十四条指出："国务院有关部门和长江流域地方各级人民政府应当按照长江流域发展规划、国土空间规划的要求，调整产业结构，优化产业布局，推进长江流域绿色发展。"第九十三条指出："因污染长江流域环境、破坏长江流域生态造成他人损害的，侵权人应当承担侵权责任。违反国家规定造成长江流域生态环境损害，国家规定的机关或者法律规定的组织有权请求侵权人承担修复责任、赔偿损失和有关费用。"第九十四条指出："违反本法规定，构成犯罪的，依法追究刑事责任。"

《黄河保护法》于 2022 年 10 月通过，主要内容包括"总则""规划与管控""生态保护与修复""水资源节约集约利用""水沙调控与防洪安全""污染防治""促进高质量发展""黄河文化保护传承弘扬""保障与监督""法律责任""附则"。该法第四条指出："黄河流域省、自治区可以根据需要，建立省级协调机制，组织、协调推进本行政区域黄河流域生态保护和高质量发展工作。"为了保护黄河，第五条表明："国务院有关部门按照职责分工，负责黄河流域生态保护和高质量发展相关工作。国务院水行政主管部门黄河水利委员会（以下简称黄河流域管理机构）及其所属管理机构，依法行使流域水行政监督管理职责，为黄河流域统筹协调机制相关工作提供支撑保障。国务院生态环境主管部门黄河流域生态环境监督管理机构（以下简称黄河流域生态环境监督管理机构）依法开展流域生态环境监督管理相关工作。"具体而言，第七条提到："国务院水行政、生态环境、自然资源、住房和城乡建设、农业农村、发展改革、应急管理、林业和草原、文化和旅游、标准化等主管部门按照职责分工，建立健全黄河流域水资源节约集约利用、水沙调控、防汛抗旱、水土保持、水文、水环境质量和污染物排放、生态保护与修复、自然资源调查监测评价、生物多样性保护、文化遗产保护等标准体系。"同时，第六条指出："黄河流域县级以上地方人民政府负责本行政区域黄河流域生态保护和高质量发展工作。"关于黄河流域发展，第八条指出："国家在黄河流域实行水资源刚性约束制度，坚持以水定城、以水定地、以水定人、以水定产，优化国土空间开发保护格局，促进人口和城市科学合理布局，构建与水资源承载能力相适应的现代产业体系。"第二十四条指出："黄河流域工业、农业、畜牧业、林草业、能源、交通运输、旅游、自然资源开发等专项规划和开发区、新区规划等，涉及水资源开发利用的，应当进行规划水资源论证。未经论证或者经论证不符合水资源强制性约束控制指标的，规划审批机关不得批准该规划。"关于污染防治，第七十二条指出："国家加强黄河流域农业面源污染、工业污染、城乡生活污染等的综合治理、系统治理、源头治理，推进重点河湖环境综合整治。"第一百零八条明确了国家有关机关的法律责任："国务院有关部门、黄河流域县级以上地方人民政府及其有关部门、黄河流域管理机构及其所属管理机构、黄河流域生态环境监督管理机构违反本法规定，有下列行为之一的，对直接负责的主管人员和其他直接责任人员依法给予警告、记过、记大过或者降级处分；造成严重后果的，给予撤职或者开除处分，其主要负责人应当引咎辞职：（一）不符合行政许可条件准予行政许可；（二）依法应当作出责令停业、关闭等决定而未作出；（三）发现违法行为或者接到举报不依法查处；（四）有其他玩忽职守、滥用职权、徇私舞弊行为。"第一百一十九条指出："违反本法规定，在黄河流域破坏自然资源和生态、污染环境、妨碍防洪安全、破坏文化遗产等造成他人损害的，侵权人应当依法承担侵权责任。违反本法规定，造成黄河流域生态环境损害的，国家规定的机关或者法律规定的组织有权请求侵权人承担修复责任、赔偿损失和相关费用。"第一百二十条指出："违反本法规定，构成犯罪的，依法追究刑事责任。"

《青藏高原生态保护法》于 2023 年 4 月 26 日通过。第一条指出："为了加强青藏高原生态保护，防控生态风险，保障生态安全，建设国家生态文明高地，促进经济社会可持续发展，实现人与自然和谐共生，制定本法。"第七条明确："国家加强青藏高原土地、森林、草原、河流、湖泊、湿地、冰川、荒漠、野生动植物等自然资源状况和生态环境状况调查，开展区域资源环境承载能力和国土空间开发适宜性评价，健全青藏高原生态环境、自然资源、生物多样性、水文、气象、地质、水土保持、自然灾害等监测网络体系，推进综合监测、协同监测和常态化监测。调查、评价和监测信息应当按照国家有关规定共享。"关于生态安全布局，第十一条指出："国家统筹青藏高原生态安全布局，推进山水林田湖草沙冰综合治理、系统治理、源头治理，实施重要生态系统保护修复重大工程，优化以水源涵养、生物多样性保护、水土保持、防风固沙、生态系统碳汇等为主要生态功能的青藏高原生态安全屏障体系，提升生态系统质量和多样性、稳定性、持续性，增强生态产品供给能力和生态系统服务功能，建设国家生态安全屏障战略地。"关于省级层面的要求，该法第十四条指出："青藏高原省级人民政府根据本行政区域的生态环境和资源利用状况，按照生态保护红线、环境质量底线、资源利用上线的要求，从严制定生态环境分区管控方案和生态环境准入清单，报国务院生态环境主管部门备案后实施。生态环境分区管控方案和生态环境准入清单应当与国土空间规划相衔接。"关于国家相关工作人员的法律责任，第五十三条指出："国务院有关部门和地方各级人民政府及其有关部门违反本法规定，在履行相关职责中有玩忽职守、滥用职权、徇私舞弊行为的，对直接负责的主管人员和其他直接责任人员依法给予警告、记过、记大过或者降级处分；造成严重后果的，给予撤职或者开除处分，其主要负责人应当引咎辞职。"由于青藏高原是我国重要水源地，对相关破坏行为的惩罚比较严重，第五十六条指出："违反本法规定，在长江、黄河、澜沧江、雅鲁藏布江、怒江等江河源头自然保护地内从事不符合生态保护管控要求的采矿活动的，由自然资源、生态环境主管部门按照职责分工，责令改正，没收违法所得和直接用于违法开采的设备、工具；违法所得十万元以上的，并处违法所得十倍以上二十倍以下罚款；违法所得不足十万元的，并处十万元以上一百万元以下罚款。"第五十九条指出："污染青藏高原环境、破坏青藏高原生态造成他人损害的，侵权人应当承担侵权责任。违反国家规定造成青藏高原生态环境损害的，国家规定的机关或者法律规定的组织有权请求侵权人承担修复责任、赔偿损失和相关费用。"第六十条指出："违反本法规定，构成违反治安管理行为的，依法给予治安管理处罚；构成犯罪的，依法追究刑事责任。"

《黑土地保护法》于2022年6月24日通过，自2022年8月1日起施行。该法第一条指出："为了保护黑土地资源，稳步恢复提升黑土地基础地力，促进资源可持续利用，维护生态平衡，保障国家粮食安全，制定本法。"第二条指出："本法所称黑土地，是指黑龙江省、吉林省、辽宁省、内蒙古自治区（以下简称四省区）的相关区域范围内具有黑色或者暗黑色腐殖质表土层，性状好、肥力高的耕地。"为了保护黑土地，第三条指出："国家实行科学、有效的黑土地保护政策，保障黑土地保护财政投入，综合采取工程、农艺、农机、生物等措施，保护黑土地的优良生产能力，确保黑土地总量不减少、功能不退化、质量有提升、产能可持续。"该法第三十一条指出："违反法律法规规定，造成黑土地面积减少、质量下降、功能退化或者生态环境损害的，应当依法治理修复、赔偿损失。"第三十五条指出："造成黑土地污染、水土流失的，分别依照污染防治、水土保持等有关法律法规的规定从重处罚。"第三十六条指出："违反本法规定，构成犯罪的，依法追究刑事责任。"

第五类：绿色发展类的法律——《循环经济促进法》《节约能源法》《水法》《生态保护补偿条例》。

《循环经济促进法》于 2008 年 8 月通过，于 2018 年 10 月完成修正。该法第一条指出："为了促进循环经济发展，提高资源利用效率，保护和改善环境，实现可持续发展，制定本法。"第三条指出了应遵循的方针："发展循环经济是国家经济社会发展的一项重大战略，应当遵循统筹规划、合理布局，因地制宜、注重实效，政府推动、市场引导，企业实施、公众参与的方针。"第五条明确了政府各级部门发展循环经济的职责："国务院循环经济发展综合管理部门负责组织协调、监督管理全国循环经济发展工作；国务院生态环境等有关主管部门按照各自的职责负责有关循环经济的监督管理工作。县级以上地方人民政府循环经济发展综合管理部门负责组织协调、监督管理本行政区域的循环经济发展工作；县级以上地方人民政府生态环境等有关主管部门按照各自的职责负责有关循环经济的监督管理工作。"第六条指出："国家制定产业政策，应当符合发展循环经济的要求。"第九条规定了企事业单位的责任："企业事业单位应当建立健全管理制度，采取措施，降低资源消耗，减少废物的产生量和排放量，提高废物的再利用和资源化水平。"第十条指出了公众的责任："公民应当增强节约资源和保护环境意识，合理消费，节约资源。"关于法律责任，第四十九条指出："县级以上人民政府循环经济发展综合管理部门或者其他有关主管部门发现违反本法的行为或者接到对违法行为的举报后不予查处，或者有其他不依法履行监督管理职责行为的，由本级人民政府或者上一级人民政府有关主管部门责令改正，对直接负责的主管人员和其他直接责任人员依法给予处分。"对于企业而言，第五十条指出："生产、销售列入淘汰名录的产品、设备的，依照《中华人民共和国产品质量法》的规定处罚。"第五十七条明确："违反本法规定，构成犯罪的，依法追究刑事责任。"

《节约能源法》内容包括：总则（第一章）、节能管理（第二章）、合理使用与节约能源（第三章）、节能技术进步（第四章）、激励措施（第五章）、法律责任（第六章）、附则（第七章）。第一条指出了立法目的："为了推动全社会节约能源，提高能源利用效率，保护和改善环境，促进经济社会全面协调可持续发展，制定本法。"该法第四条指出：

"节约资源是我国的基本国策。国家实施节约与开发并举、把节约放在首位的能源发展战略。"该法第六条明确："国家实行节能目标责任制和节能考核评价制度，将节能目标完成情况作为对地方人民政府及其负责人考核评价的内容。省、自治区、直辖市人民政府每年向国务院报告节能目标责任的履行情况。"不仅如此，第七条指出："国家实行有利于节能和环境保护的产业政策，限制发展高耗能、高污染行业，发展节能环保型产业……国家鼓励、支持开发和利用新能源、可再生能源。"关于法律责任，第八十六条明确："国家工作人员在节能管理工作中滥用职权、玩忽职守、徇私舞弊，构成犯罪的，依法追究刑事责任；尚不构成犯罪的，依法给予处分。"关于企业，第六十八条指出："固定资产投资项目建设单位开工建设不符合强制性节能标准的项目或者将该项目投入生产、使用的，由管理节能工作的部门责令停止建设或者停止生产、使用，限期改造；不能改造或者逾期不改造的生产性项目，由管理节能工作的部门报请本级人民政府按照国务院规定的权限责令关闭。"当然，第八十五条同样规定："违反本法规定，构成犯罪的，依法追究刑事责任。"

《水法》内容包括：第一章"总则"、第二章"水资源规划"、第三章"水资源开发利用"、第四章"水资源、水域和水工程的保护"、第五章"水资源配置和节约使用"、第六章"水事纠纷处理与执法监督检查"、第七章"法律责任"、第八章"附则"。该法第一条指出"为了合理开发、利用、节约和保护水资源，防治水害，实现水资源的可持续利用，适应国民经济和社会发展的需要，制定本法。"第二条指出："本法所称水资源，包括地表水和地下水。"第三条指出："水资源属于国家所有。水资源的所有权由国务院代表国家行使。农村集体经济组织的水塘和由农村集体经济组织修建管理的水库中的水，归各该农村集体经济组织使用。"该法第四条指出："开发、利用、节约、保护水资源和防治水害，应当全面规划、统筹兼顾、标本兼治、综合利用、讲求效益，发挥水资源的多种功能，协调好生活、生产经营和生态环境用水。"为了保护与节约水资源，第七条指出："国家对水资源依法实行取水许可制度和有偿使用制度。"第十条明确："国家鼓励和支持开发、利用、节约、保护、管理水资源和防治水害的先进科学技术的研究、推广和应用。"在水资源开发利用方面，第二十一条指出："开发、利用水资源，应当首先满足城乡居民生活用水，并兼顾农业、工业、生态环境用水以及航运等需要。"关于法律责任，第六十四条指出："水行政主管部门或者其他有关部门以及水工程管理单位及其工作人员，利用职务上的便利收取他人财物、其他好处或者玩忽职守，对不符合法定条件的单位或者个人核发许可证、签署审查同意意见，不按照水量分配方案分配水量，不按照国家有关规定收取水资源费，不履行监督职责，或者发现违法行为不予查处，造成严重后果，构成犯罪的，对负有责任的主管人员和其他直接责任人员依照刑法的有关规定追究刑事责任；尚不够刑事处罚的，依法给予行政处分。"

《生态保护补偿条例》系 2024 年 2 月 23 日由国务院第 26 次常务会议通过，自 2024 年 6 月 1 日起施行。其中，第一条明确了制定本条例的目的："为了保护和改善生态环境，加强和规范生态保护补偿，调动各方参与生态保护积极性，推动生态文明建设，根据有关法律，制定本条例。"第二条指出："本条例所称生态保护补偿，是指通过财政纵向补偿、地区间横向补偿、市场机制补偿等机制，对按照规定或者约定开展生态保护的单位和个人予以补偿的激励性制度安排。生态保护补偿可以采取资金补偿、对口协作、产业转移、人才培训、共建园区、购买生态产品和服务等多种补偿方式。"第三条指出：生态保护补偿工作坚持中国共产党的领导，坚持政府主导、社会参与、市场调节相结合，坚持激励与约束并重，坚持统筹协同推进，坚持生态效益与经济效益、社会效益相统一。"第五条指出："国务院发展改革、财政、自然资源、生态环境、水行政、住房城乡建设、农业农村、林业草原等部门依据各自职责，负责生态保护补偿相关工作。"第六条指出："县级以上地方人民政府应当建立健全生态保护补偿工作的相关机制，督促所属部门和下级人民政府开展生态保护补偿工作。县级以上地方人民政府有关部门依据各自职责，负责生态保护补偿相关工作。"第三十条指出："政府和有关部门应当依法及时公开生态保护补偿工作情况，接受社会监督和舆论监督。审计机关对生态保护补偿资金的管理使用情况依法进行审计监督。"第三十一条规定："截留、占用、挪用、拖欠或者未按照规定使用生态保护补偿资金的，政府和有关主管部门应当责令改正；逾期未改正的，可以缓拨、减拨、停拨或者追回生态保护补偿资金。以虚假手段骗取生态保护补偿资金的，由政府和有关主管部门依法依规处理、处罚；构成犯罪的，依法追究刑事责任。"

可以看到，我国生态环境法律有以下特点：一是坚持可持续发展与生态环境保护并举；二是明确从中央到省级、县级政府及有关部门职责，并对企业和公众的权利和义务作出规定；三是损害需赔偿或弥补，对破坏生态环境的或由于破坏生态造成他人损害的，侵权人应当承担侵权责任；四是违法将严惩，无论是国家工作人员、企业还是个人，严重违法了有关法令都将受到严惩。可以看到，在以上有关生态环境保护与治理的法律（《宪法》除外）的最后条款中，通常有以下字样，体现了我国生态环境法律的严格："违反本法规定，构成违反治安管理行为的，依法给予治安管理处罚；构成犯罪的，依法追究刑事责任。"

二、生态环保领域的严格执法

仅有良法是不够的，法律的尊严和效用在于其被坚定地执行。我们经常说的"有法必依""执法必严""违法必究"就是强调法律的生命在于执行。在立好生态法律的同时严格执法可以提高破坏生态环境的成本。

通过"中华人民共和国生态环境部"官方网站公开的信息，我们可以看到近些年来我国在生态环境领域的严格执法情况。例如，2022年各级生态环境部门开展各类排污许可执法检查 53.8 万次，实施行政处罚 1.7 万件，有效地震慑了排污与许可违法行为。2023 年 5 月 23 日，生态环境部公布排污许可领域 4 个典型案例，涉及排污单位以欺骗手段申请取得排污许可证、擅自改变管理类别无证排污、生产经营场所发生变化或者污染物排放种类增加，未依法重新申请取得排污许可证等违法行为，并对办理相关案件的广东省佛山市生态环境局顺德分局、江苏省南通市通州生态环境局、浙江省台州市生态环境局椒江分局、上海市奉贤区生态环境局提出表扬。①

建立环保机构监测监察执法垂直管理可以有效解决现实地方环保中存在的环保责任难落实问题。原来以块为主的地方环保管理体制在地方政府重经济发展轻环境保护的背景下，在一定程度上会干预环保监测监察执法，使得环保责任难以落实，大量出现有法不依、执法不严现象。针对此类现象，中央提出，省以下的环保机构监测监察执法垂直管理，即省级环保部门直接管理市县的监测监察机构，并承担起人员和工作的经费，地市级的环境保护局实行以省级生态环境厅为主的双重管理体制，县级环保局作为地市级环保局的派出机构。综合起来，环保机构垂直管理体制相较于以往，至少有以下几个优点：一是可以落实好地方政府及其相关部门的监管责任；二是在制度上解决地方保护主义对环境监测监察执法的干预；三是进一步加强地方环境保护机构队伍建设。

在新时代生态文明建设中，做好环境保护督察亦十分必要。2015年，中央环保督察在河北试点，2016年至2018年完成了对31个省级单位和新疆生产建设兵团的第一轮督察，解决了一批长期想解决而又未能解决的生态环境问题，推进了生态环境高质量保护和经济高质量发展，得到了中央的肯定和人民群众的认同。2019年6月，中共中央办公厅、国务院办公厅印发实施的《中央生态环境保护督察工作规定》，进一步规范生态环境保护督察工作并为压实生态环境保护责任奠定了法治基础。目前，中央环保督察已经成为我国生态环保领域解决突出环境问题的一把利剑。

---

① 生态环境部公布第十四批生态环境执法典型案例（排污许可领域）［EB/OL］.（2023 – 05 – 23）. https：//www. mee. gov. cn/ywgz/sthjzf/zfzdyxzcf/202305/t20230523_1030955. shtml.

第三章

生态治理论：用系统工程思维
做好生态治理

　　系统工程学是 20 世纪 50 年代之后出现的、为了实现系统目的而对系统的组成要素展开分析、研究，最后找到系统发展最优解的一门学科。系统工程学的一个基本特点是，把研究对象作为一个系统展开研究，分析系统中各部分之间相互依赖、相互影响的关系，从系统的最优解出发，选择优化方案，以研究决定系统及其内部各个组成部分的运行与发展。我国创造性地运用系统工程的思路，对生态环境展开全方位、全地域、全过程的保护。站在系统工程的基础之上，党中央提出了"五位一体"社会主义现代化建设总体布局、实施主体功能区战略、做好绿色城镇规划和美丽乡村建设等关涉生态文明建设的理论。另外，"山水林田湖草"生态共同体理念也属于用系统工程维度分析生态问题、保护"绿水青山"的一个理论创新，并在现实中得到了有效应用，形成"山水林田湖草沙冰"系统综合治理观。

第一节　用系统工程思维开展生态环境保护建设

　　站在系统工程学进行分析生态问题可把事物分成不同层次的系统：可以把中国特色社会主义现代化建设视为一个系统，包括经济建设、政治建设、文化建设、社会建设和生态文明建设，五个方面为一体，相融相通；可以把中国的国土作为一个系统，对不同地域、不同类型国土采取不同发展策略以保护生态环境；可以把国家看作由城、乡两部分构成，对城乡进行不同的绿化；可以把全球生态治理看作一个系统，这就要求我们既要推动国内生态治理，又要促进国际生态合作交流，推动全球生态共建共享。

一、生态文明建设与"五位一体"

党的十八大把生态文明建设纳入中国特色社会主义现代化建设之中，提升了生态文明建设在中国特色社会主义现代化建设和党政工作之中的层级。通过这种层级的跃升，生态文明建设获得了现代化建设中与经济建设、政治建设、文化建设和社会建设同等重要的地位，即成为社会主义现代化建设"五位一体"的有机组成部分。除此之外，生态文明建设还被纳入经济建设、政治建设、文化建设和社会建设的各方面和全过程，这对于我国推进生态文明建设并取得良好成效打下了扎实基础。下面我们具体看一下，生态文明建设是如何与经济建设、政治建设、文化建设、社会建设相统一的。

（一）生态文明建设与经济建设的统一

生态文明建设与经济发展是一体的，是一个相互作用的系统，生态问题本质上是经济发展问题。这就是说，在经济发展中要强调绿色发展，摒弃传统不环保的生产方式；同时，在生态文明建设中也要坚持生态良好和可持续的发展。

党的文件提出要追求绿色的、可持续的高质量发展。党的十九大报告明确了"十四个坚持"，其中第四个坚持是坚持新发展理念。认识新发展理念，需要我们认识到"发展是解决我国一切问题的基础和关键，发展必须是科学发展，必须坚定不移贯彻创新、协调、绿色、开放、共享的发展理念。"[①] 党的十九大报告关于经济建设的篇目是"贯彻新发展理念，建设现代化经济体系"。经济建设篇的相关内容指出，当前我国经济已经由高速增长阶段转向高质量发展阶段，在这一阶段，我们要

---

① 习近平. 决胜全面建成小康社会　夺取新时代中国特色社会主义伟大胜利——在中国共产党第十九次全国代表大会上的报告 [M]. 北京：人民出版社，2017：21.

转变发展方式、优化经济结构、转化增长方式，坚持质量第一、效益优先，提高全要素生产率，不断增强我国经济的创新力和竞争力。可以看到，新时代的高质量发展意味着我国已经由原来因技术不先进、资金不雄厚而主要依靠拼低廉的劳动力和拼资源能源的旧生产方式或发展模式，改向主要靠科技创新、靠生产高质量产品来获取经济增长了。新的发展方式必然会减少资源能源的消耗，减少污染，有利于生态环境保护，可以实现可持续发展。明确了总体思路，下面我们看一下相关具体内容。在经济建设篇目第一小节"深化供给侧结构性改革"中可以看到我国着力推动产业体系高质量发展、敢于向世界最先进水平看齐的雄心壮志："加快建设制造强国，加快发展先进制造业，推动互联网、大数据、人工智能和实体经济深度融合，在中高端消费、创新引领、绿色低碳、共享经济、现代供应链、人力资本服务等领域培育新增长点、形成新动能。支持传统产业优化升级，加快发展现代服务业，瞄准国际标准提高水平。促进我国产业迈向全球价值链中高端，培育若干世界级先进制造业集群。"① 经济建设篇目第二小节"加快建设创新型国家"指出，我们要努力在科技创新领域走向世界前沿，以创新引领发展："创新是引领发展的第一动力，是建设现代化经济体系的战略支撑。要瞄准世界科技前沿，强化基础研究，实现前瞻性基础研究、引领性原创成果重大突破。加强应用基础研究，拓展实施国家重大科技项目，突出关键共性技术、前沿引领技术、现代工程技术、颠覆性技术创新"，为建设科技强国、质量强国、航天强国、网络强国、交通强国、数字中国、智慧社会提供有力支撑。② 在经济建设篇目第三小节"实施乡村振兴战略"中指出乡村建设要追求经济发展、生态良好、生活宜居："要坚持农业农村优先发展，按照产业兴旺、生态宜居、乡风文明、治理有效、生活富裕的总要求，建立健全城乡融合发展体制机制和政策体系，加快

---

① 习近平．决胜全面建成小康社会　夺取新时代中国特色社会主义伟大胜利——在中国共产党第十九次全国代表大会上的报告［M］．北京：人民出版社，2017：30 – 31.

② 习近平．决胜全面建成小康社会　夺取新时代中国特色社会主义伟大胜利——在中国共产党第十九次全国代表大会上的报告［M］．北京：人民出版社，2017：31.

推进农业农村现代化。"① 经济建设篇目第四小节"实施区域协同发展战略"认为，全国各地皆要实现不同程度的发展，当然，各地区情况不同发展要注意因地制宜。该节涉及绿色发展的内容是："以共抓大保护、不搞大开发为导向推动长江经济带发展。支持资源型地区经济转型发展。"②

党的二十大报告延续了党的十九大报告中以新发展理念为引领、着力推动经济绿色、高质量发展的思路，只是在经济建设篇目部分内容上，有新的提法或要求。其中，第一小节"构建高水平社会主义市场经济体制"中指出，要加快建设世界一流企业。第二小节"建设现代化产业体系"提出："加快建设制造强国、质量强国、航天强国、交通强国、网络强国、数字中国。实施产业基础再造工程和重大技术装备攻关工程，支持专精特新企业发展，推动制造业高端化、智能化、绿色化发展。巩固优势产业领先地位，在关系安全发展的领域加快补齐短板，提升战略性资源供应保障能力。推动战略性新兴产业融合集群发展，构建新一代信息技术、人工智能、生物技术、新能源、新材料、高端装备、绿色环保等一批新的增长引擎。构建优质高效的服务业新体系，推动现代服务业同先进制造业、现代农业深度融合。加快发展物联网，建设高效顺畅的流通体系，降低物流成本。加快发展数字经济，促进数字经济和实体经济深度融合，打造具有国际竞争力的数字产业集群。"③ 第三小节"全面推进乡村振兴"指出，要扎实推动乡村产业、人才、文化、生态、组织振兴，建设宜居宜业和美乡村。第四小节"促进区域协调发展"指出，"构建优势互补、高质量发展的区域经济布局和国土空间体系"，"推进京津冀协同发展、长江经济带发展、长三角一体化发展，

① 习近平. 决胜全面建成小康社会 夺取新时代中国特色社会主义伟大胜利——在中国共产党第十九次全国代表大会上的报告 [M]. 北京：人民出版社，2017：32.
② 习近平. 决胜全面建成小康社会 夺取新时代中国特色社会主义伟大胜利——在中国共产党第十九次全国代表大会上的报告 [M]. 北京：人民出版社，2017：33.
③ 习近平. 高举中国特色社会主义伟大旗帜 为全面建设社会主义现代化国家而团结奋斗——在中国共产党第二十次全国代表大会上的报告 [M]. 北京：人民出版社，2022：30.

推动黄河流域生态保护和高质量发展"。① 第四小节最后部分还提到，发展海洋经济，保护海洋生态环境，加快建设海洋强国。

党中央的文件在生态文明建设部分也提到了绿色发展的内容。党的十九大报告"十四个坚持"中的第九个"坚持人与自然和谐共生"部分明确提出，坚持节约资源和保护环境的基本国策，形成绿色发展方式，坚定走生产发展、生活富裕、生态良好的文明发展道路。党的十九大报告第九部分"加快生态文明体制改革，建设美丽中国"是生态文明建设的内容。该部分第一小节就是"推进绿色发展"，相关内容有："加快建立绿色生产和消费的法律制度和政策导向，建立健全绿色低碳循环发展的经济体系。构建市场导向的绿色技术创新体系，发展绿色金融，壮大节能环保产业、清洁生产产业、清洁能源产业。推进能源生产和消费革命，构建清洁低碳、安全高效的能源体系。推进资源全面节约和循环利用，实施国家节水行动，降低能耗、物耗，实现生产系统和生活系统循环链接。"②

党的二十大报告第十部分讲的是生态文明建设，这部分篇名就是"推动绿色发展，促进人与自然和谐共生"。同党的十九大报告一样，生态文明建设部分第一小节内容讲的不是生态环境保护或生态治理，而是绿色发展。第一小节"加快发展方式绿色转型"强调经济社会发展的绿色化、低碳化，具体内容是："加快推动产业结构、能源结构、交通运输结构等调整优化。实施全面节约战略，推进各类资源节约集约利用，加快构建废弃物循环利用体系。完善支持绿色发展的财税、金融、投资、价格政策和标准体系，发展绿色低碳产业，健全资源环境要素市场化配置体系，加快节能降碳先进技术研发和推广应用，倡导绿色消

① 习近平. 高举中国特色社会主义伟大旗帜　为全面建设社会主义现代化国家而团结奋斗——在中国共产党第二十次全国代表大会上的报告［M］. 北京：人民出版社，2022：31 - 32.

② 习近平. 决胜全面建成小康社会　夺取新时代中国特色社会主义伟大胜利——在中国共产党第十九次全国代表大会上的报告［M］. 北京：人民出版社，2017：50 - 51.

费，推动形成绿色低碳的生产方式和生活方式。"①

（二）生态文明建设与政治建设的统一

生态文明建设与政治建设密不可分，这主要体现在以下方面：一是生态文明建设需要法律法规、规章制度来作为硬保障，而涉及法律与制度的内容在我国当前政治话语体系中属于"政治建设"的范畴；二是生态文明建设需要做好顶层设计，这些也需要政策层面予以考量；三是在我国社会经济发展中，党和政府的领导者对于发展具有引领性意义，故需要加强他们的生态文明教育，以便更好推动生态文明建设向前发展。

生态文明建设注重生态法律、生态制度的建设。党的十八大之后，我国制定、修订了大量有关生态文明建设或生态环境保护类的法律。这些内容在第二章已有揭示，此处不展开。

生态文明建设需要做好顶层设计。2015 年 9 月，中共中央、国务院印发了《生态文明体制改革总体方案》，为做好生态文明建设、建好生态文明体系"四梁八柱"打下了基础。该文件指出了生态文明体制改革的总体要求、需要建立健全的八项制度，以及生态文明体制改革的实施保障。《生态文明体制改革总体方案》中提出的八项制度为：健全自然资源资产产权制度；建立国土空间开发保护制度；建立空间规划体系；完善资源总量管理和全面节约制度；健全资源有偿使用和生态补偿制度；建立健全环境治理体系；健全环境治理和生态保护市场体系；完善生态文明绩效评价考核和责任追究制度。

生态文明建设需要加强领导干部的生态责任意识。2017 年 5 月 26 日，习近平在十八届中央政治局第四十一次集体学习时的讲话中指出："实践证明，生态环境保护能否落到实处，关键在领导干部。一些重大生态环境事件背后，都有领导干部不负责任、不作为的问题，都有

---

① 习近平. 高举中国特色社会主义伟大旗帜 为全面建设社会主义现代化国家而团结奋斗——在中国共产党第二十次全国代表大会上的报告 [M]. 北京：人民出版社，2022：50.

一些地方环保意识不强、履职不到位、执行不严格的问题，都有环保有关部门执法监督作用发挥不到位、强制力不够的问题。要落实领导干部任期生态文明建设责任制，实行自然资源资产离任审计，认真贯彻依法依规、客观公正、科学认定、权责一致、终身追究的原则。要针对决策、执行、监管中的责任，明确各级领导干部责任追究情形。对造成生态环境损害负有责任的领导干部，不论是否已调离、提拔或者退休，都必须严肃追责。各级党委和政府要切实重视、加强领导，纪检监察机关、组织部门和政府有关监管部门要各尽其责、形成合力。"① 党中央要求，地方各级党委和政府主要领导作为本行政区域生态环境保护第一责任人，对本行政区域的生态环境质量负总责，做到重要工作亲自部署、重大问题亲自过问、重要环节亲自协调、重要案件亲自督办，压实各级责任，层层抓落实。除了党中央的文件把生态文明建设纳入社会主义现代化总体布局，中央还特别开展了环保督察，建立了生态环境责任追究制度，这都有利于增强领导干部关于生态文明建设的责任意识。

（三）生态文明建设与文化建设的统一

生态文明建设与文化建设是紧密联系的。生态文明建设需要加强公民生态道德意识，在有关生态文明建设的党的重要报告或文件当中，总是在开端部分先阐明生态文明建设的重要性，然后再讲具体内容。例如，党的十九大报告第九部分"加快生态文明体制改革，建设美丽中国"首先指出："人与自然是生命共同体，人类必须尊重自然、顺应自然、保护自然。人类只有遵循自然规律才能有效防止在开发利用自然上走弯路，人类对大自然的伤害最终会伤及人类自身，这是无法抗拒的规律。我们要建设的现代化是人与自然和谐共生的现代化，既要创造更多物质财富和精神财富以满足人民日益增长的美好生活需要，也要提供更

---

① 中共中央文献研究室. 习近平关于社会主义生态文明建设论述摘编［M］. 北京：中央文献出版社，2017：110－111.

多优质生态产品以满足人民日益增长的优美生态环境需要。必须坚持节约优先、保护优先、自然恢复为主的方针，形成节约资源和保护环境的空间格局、产业结构、生产方式、生活方式，还自然以宁静、和谐、美丽。"① 党的二十大报告第十部分"推动绿色发展，促进人与自然和谐共生"首先指出："大自然是人类赖以生存发展的基本条件。尊重自然、顺应自然、保护自然，是全面建设社会主义现代化国家的内在要求。必须牢固树立和践行绿水青山就是金山银山的理念，站在人与自然和谐共生的高度谋划发展。我们要推进美丽中国建设，坚持山水林田湖草沙一体化保护和系统治理，统筹产业结构调整、污染治理、生态保护、应对气候变化，协同推进降碳、减污、扩绿、增长，推进生态优先、节约集约、绿色低碳发展。"②

文化建设也内含着提高人民群众的生态意识。或者说，提高公民生态意识理应为文化建设内容之一。2019 年 10 月，中共中央、国务院印发的《新时代公民道德建设实施纲要》第四部分"推动道德实践养成"第七条内容就是关于积极践行绿色生产生活方式的："绿色发展、生态道德是现代文明的重要标志，是美好生活的基础、人民群众的期盼。要推动全社会共建美丽中国，围绕世界地球日、世界环境日、世界森林日、世界水日、世界海洋日和全国节能宣传周等，广泛开展多种形式的主题宣传实践活动，坚持人与自然和谐共生，引导人们树立尊重自然、顺应自然、保护自然的理念，树立绿水青山就是金山银山的理念，增强节约意识、环保意识和生态意识。开展创建节约型机关、绿色家庭、绿色学校、绿色社区、绿色出行和垃圾分类等行动，倡导简约适度、绿色低碳的生活方式，拒绝奢华和浪费，引导人们做生态环境的保护者、建设者。"

---

① 习近平. 决胜全面建成小康社会　夺取新时代中国特色社会主义伟大胜利——在中国共产党第十九次全国代表大会上的报告 [M]. 北京：人民出版社，2017：50.

② 习近平. 高举中国特色社会主义伟大旗帜　为全面建设社会主义现代化国家而团结奋斗——在中国共产党第二十次全国代表大会上的报告 [M]. 北京：人民出版社，2022：49 - 50.

各地方在推动地区公民道德建设时通常设立"市民公约"，这些公约中通常含有"保护环境""讲究卫生"等方面内容。例如，厦门市市民公约如下：

> 爱党爱国，坚定信仰。
>
> 勇立潮头，敢拼会赢。
>
> 拥军拥政，尊师重教。
>
> 崇德向善，文明有礼。
>
> 敬业奉献，诚实守信。
>
> 遵纪守法，见义勇为。
>
> 爱护环境，节能低碳。
>
> 热心公益，志愿服务。
>
> 移风易俗，勤俭节约。
>
> 凝心聚力，勇毅前行。

其中，"爱护环境，节能低碳""勤俭节约"既是公民道德建设内容，又是公民生态道德建设的重要内容。

很多地区的乡规民约都内含保护生态环境的内容。例如，安吉余村的乡规民约是：

爱祖国	跟党走	讲法治	显民主
知荣辱	明礼节	扬正气	树新风
戒赌毒	破陋俗	倡简约	尚文明
敬职责	守信诺	孝父母	亲邻里
俭持家	勤创业	严律己	宽待人
保青山	护绿水	节能源	分垃圾
重环保	减污染	立生态	为子孙
建家园	齐参与	促发展	谱新章

（四）生态文明建设与社会建设的统一

生态文明建设与社会建设密不可分。生态文明建设需要广泛调动社会各界参与生态文明建设，共建美好生活家园。新时代环境治理体系坚持党的领导，以政府为主导，以企业为主体，寻求社会组织与公众共同参与生态文明建设，这种治理体系与社会建设中努力打造共建共治共享的社会治理格局是一致的。党的十九大报告指出的"加强社会治理制度建设，完善党委领导、政府负责、社会协同、公众参与、法治保障的社会治理体制，提高社会治理社会化、法治化、智能化、专业化水平"①的要求同样适用于生态文明建设的治理体系构建。2020年3月，中共中央办公厅、国务院办公厅印发了《关于构建现代环境治理体系的指导意见》，该文件指出："以坚持党的集中统一领导为统领，以强化政府主导作用为关键，以深化企业主体作用为根本，以更好动员社会组织和公众共同参与为支撑，实现政府治理和社会调节、企业自治良性互动，完善体制机制，强化源头治理，形成工作合力，为推动生态环境根本好转、建设生态文明和美丽中国提供有力制度保障。"

从社会建设而言，生态问题已经成为重大的民生问题，需要着力解决。社会主义现代化建设中的社会建设的工作重点是要解决涉及广大人民群众的社会问题或民生问题，而如今，生态问题一跃成为重大的民生问题，大气、水、土壤等的污染治理重要性得到提升。过去的人们是求温饱，如今人们是求环保，这使得生态问题在社会治理中的重要性与长期以来突出的社会问题如就业、养老、医疗、住房、教育等可相提并论。在社会建设中，实施健康中国战略非常重要，而生态问题直接涉及健康中国战略的实施，因为如果呼吸的污浊空气，吃的是有污染的农产品，喝的是不干净的水，人自然很难保持健康体魄。当然，由于生态文明建设为社会主义现代化建设的单独组成部分，因而其没有被直接列为

---

① 习近平. 决胜全面建成小康社会 夺取新时代中国特色社会主义伟大胜利——在中国共产党第十九次全国代表大会上的报告［M］. 北京：人民出版社，2017：49.

社会建设的内容，但从逻辑上来说，做好生态文明建设也是为社会建设
（即和谐社会建设）做贡献。①

二、实施主体功能区战略

我国地大物博，然而就整个国土而言各地情况有所不同，有必要统
筹加以考量来更好地发展和开展环保。我国陆地国土面积960多万平方
公里，其中，胡焕庸线东南侧43%的国土生活着96%的人口，创造了
全国95%的GDP。因为胡焕庸线西北方多山地、草原、沙漠、高原，
不适宜人口的大量聚集或发展大规模工业，而适合人类居住与发展的平
原地区基本都在该线东南方。我国西南部的青藏高原人口稀少，却多是
我国主要水源地，被誉为"亚洲水塔"，如果当地开发不当，其生态环
境危害无论是对于本国还是水源下游的相关东南亚国家而言都是灾难性
的。为此，我国推行了主体功能区战略，其原理是就国家全局进行规
划，适合保护的保护，适合开发的开发。

关于整体谋划国土空间开发，我国强调实施主体功能区战略。
主体功能区是把国土按照生态环境的状况进行功能使用划分为四
类：优化开发区、重点开发区、限制开发区和禁止开发区。根据主
体功能区战略，在重要的生态功能区和生态环境脆弱、敏感的地
区，划定生态红线并坚决严守，在划定生态红线之外的区域则根据
情况构建科学合理的城镇化推进格局和工农业发展格局，保障全国
和地区的生态安全。

为了贯彻主体功能区战略，我国对城镇化做了总体安排，提出并践
行了"两横三纵"的城镇化战略格局。实施主体功能区制度，当然离
不开对全国不同城市（群）以及同一城市的不同区域的土地进行不同
程度的使用和开发。全国主体功能区规划对城镇化总体布局做了安排，
提出"两横三纵"的城镇化战略格局。"两横"是沿长江通道及陆桥通
道，"三纵"是覆盖沿海、京哈京广、包昆通道，"两横三纵"基本涵

---

① "人与自然和谐相处"是社会主义和谐社会的重要内容之一。

括了我国主要城市群。在"十四五"规划纲要中，我国布局了 19 个重点发展的城市群，包括优化提升 5 个（京津冀、长三角、珠三角、成渝、长江中游），发展壮大 5 个（山东半岛、粤闽浙沿海、中原、关中平原、北部湾），培育发展 9 个（哈长、辽中南、山西中部、黔中、滇中、天山北坡、呼包鄂榆、兰州—西宁、宁夏沿黄），这 19 个城市群构筑成"两横三纵"的城镇化战略格局。这样一来，在我国总体可开发利用土地有限的情况下，根据各地不同情况展开不同程度的开发使用，既能确保整体经济发展目标，又能保护好生态环境，并且经济发展好的地区可以到环境好的地方进行生态消费，最后达到全国各美其美，经济发达又生态环境美好的良好局面。

在不宜开发区域主要开展生态环境保护，这势必会影响当地发展，此时中央探索了一条"生态扶贫"之路。为了走好这条生态扶贫之路，中央基于生态环境保护需要和共同富裕需要出台了生态补偿相关政策。2015 年 11 月 27 日，习近平同志在中央扶贫开发工作会议中指出："在生存条件差、但生态系统重要、需要保护修复的地区，可以结合生态环境保护和治理，探索一条生态脱贫的新路子。不少地方既是贫困地区，又是重点生态功能区或自然保护区，还是少数民族群众聚居区，如西藏、四省藏区、武陵山区、滇黔桂部分贫困地区等。要加大贫困地区生态保护修复力度，增加重点生态功能区转移支付，扩大政策实施范围。要加大贫困地区新一轮退耕还林还草力度，对贫困地区二十五度以上的基本农田，可以考虑纳入退耕还林范围，并合理调整基本农田保有指标。中央财政用于国家重点生态功能区的生态补偿资金使用不够精准，有些被省里截留平均分配了，有些拨付到县里后被挪作其他用途了。要做些改革，比如，结合建立国家公园体制，可以让有劳动能力的贫困人口就地转成护林员等生态保护人员，从生态补偿和生态保护工程资金中拿出一点，作为他们保护生态的劳动报酬。"①

---

① 中共中央文献研究室. 习近平关于社会主义生态文明建设论述摘编 [M]. 北京：中央文献出版社，2017：65.

三、做好绿色城市规划和美丽乡村建设

（一）做好绿色城市规划

我国正处在深入推进城镇化进程之中，根据《中国统计年鉴 2023》公布的数据，2012 年我国城镇化率为 53.1%，2022 年城镇化率为 65.22%。2022 年末，我国人口有 14 亿人，其中城镇常住人口 92071 万人，乡村常住人口 49104 万人。[①] 即使未来二三十年城镇化率不断提高，也有数亿人口尚且生活在乡村，故而建设美丽城、乡都是非常必要的。

城市和乡村的社会经济发展功能不同、文化不同：城市主要以工商业为主，乡村以农业为主；城市中高楼大厦林立，车水马龙，党政机关、企事业单位众多，各种公共服务配套齐全，就业、医疗、交通、教育较为方便且质量高，而农村地区为小散居，以县镇或市镇为主要服务提供点，各种公共性社会服务相对较少、质量上比起城市也较差；城市是陌生人社会，社会基本单元是家庭，社会运行靠的是政策法规，而乡村是熟人社会，家族势力流行，社会运行靠的是乡规民约；城市土地属于国家所有，土地资源珍贵，乡村土地属于集体所有，土地资源相对较多但多为农田，少数为宅基地和少量的商业用地。以上种种不同决定了城乡建设应该有所区别，不能模仿城市建设乡村。

美丽城市建设的思路是做好城市规划建设，让城市融入大自然。第一，科学设置城市开发边界。根据区域自然条件，科学设置开发强度，尽快把每个城市特别是特大城市开发边界划定，把城市放在大自然中，把绿水青山保留给居民。第二，因势利导，保留特色，把本地好风光融入城市中。让城市融入大自然，很多山城、水城很有特色，可以依托现有山水独特风光，让居民望得见山、看得见水、记得住乡愁。我们反对把城市搞得千城一面。第三，做好城市规划建设。城市规模要同资源环境承载能力相适应，保持生态空间和建设空间的比例协调；城市规划建

---

① https：//www.stats.gov.cn/sj/ndsj/2023/indexch.htm.

设的每个细节都要考虑到其对自然环境的影响，不要建设太多水泥地，而要努力建设适宜于自然积存、渗透和净化的海绵城市。

（二）做好美丽乡村建设

新农村建设要注意生态环境保护，保留乡土味道。新农村建设的总思路是：保留乡村美景与乡土味道，并把乡村生活与现代式生活融为一体，推进乡村生产生活生态化，不做破坏生态环境之举。

2023 年中央一号文件（《中共中央 国务院关于做好 2023 年全面推进乡村振兴重点工作的意见》）指出，要扎实推进宜居宜业和美乡村建设。关于加强村庄规划建设，该文件指出："编制村容村貌提升导则，立足乡土特征、地域特点和民族特色提升村庄风貌，防止大拆大建、盲目建牌楼亭廊'堆盆景'。实施传统村落集中连片保护利用示范，建立完善传统村落调查认定、撤并前置审查、灾毁防范等制度。制定农村基本具备现代生活条件建设指引。"关于扎实推进农村人居环境整治提升，该文件指出："加大村庄公共空间整治力度，持续开展村庄清洁行动。巩固农村户厕问题摸排整改成果，引导农民开展户内改厕。加强农村公厕建设维护。以人口集中村镇和水源保护区周边村庄为重点，分类梯次推进农村生活污水治理。推动农村生活垃圾源头分类减量，及时清运处置。推进厕所粪污、易腐烂垃圾、有机废弃物就近就地资源化利用。"关于持续加强乡村基础设施建设，该文件指出："加强农村公路养护和安全管理，推动与沿线配套设施、产业园区、旅游景区、乡村旅游重点村一体化建设。推进农村规模化供水工程建设和小型供水工程标准化改造，开展水质提升专项行动。推进农村电网巩固提升，发展农村可再生能源。支持农村危房改造和抗震改造，基本完成农房安全隐患排查整治，建立全过程监管制度。开展现代宜居农房建设示范。"

新农村建设要推进畜禽养殖废弃物处理和资源化。推进畜禽养殖废弃物处理和资源化对我国改善土壤肥力、治理好农业面源污染具有重要意义。因为我国在农村地区每年都要养殖大量的猪、牛、羊和家禽，它们会产生大量粪污，这也是农村面源污染的重要组成部分。关于解决畜禽养殖废弃物处理和资源化，2016 年 12 月，在中央财经领导小组第十四次会议上，习近平总书记指出："要坚持政府支持、企业主体、市场化运作的方针，以沼气和生物天然气为主要处理方向，以就地就近用于农村能源和农用有机肥为主要使用方向，力争在'十三五'时期，基本解决大规模畜禽养殖场粪污处理和资源化问题。要在国家层面明确政策导向，明确主管部门和地方责任，形成中央和地方、企业和居民合力推动的大局面。"①

四、共谋全球生态文明建设之路

生态问题是全球性的问题，因为我们只有一个地球。为了维护公民的生存发展利益，世界各国需要共同努力，节约使用资源，推进绿色发展、环境保护，维护生物多样性，推动全球生态文明取得进展。

生态问题的根本症结在于粗放式的发展。如何既保护生态环境，又在全球范围内推进绿色发展，这着实是大难题：世界上既有一些社会主义国家，又有很多资本主义国家；既有一些发达国家，又有很多发展中国家；既有一些生态资源充裕的国家，又有很多生态环境较差的国家；既有一些已完成工业化的国家，又有很多正处在工业化甚至还未进入工业化的国家；既有很多国家文化语言与社会价值观相同或相近，又有很多国家社会历史文化迥异，各种观念存在巨大差异。在这种背景下，为了共同的未来，我国认为，国际社会应秉持人类命运共同体理念，追求人与自然的和谐共生、追求绿色循环低碳发展，携手合作应对，共同医治生态环境的创伤，共同构建地球命运共同体，开启人类社会高质量发展的新征程。

中国作为一个负责任大国，应承担应尽的国际义务，与国际社会一道深入开展生态文明领域的交流与合作，推动成果共享，携手共建生态

① 中共中央文献研究室. 习近平关于社会主义生态文明建设论述摘编［M］. 北京：中央文献出版社，2017：95.

环境良好的地球美好家园。可以看到，我国并不同西方国家一样强迫别的国家加大环保和减排力度，而是通过自我加压，以身作则，来大力推进本国的生态文明建设，为世界环境改善作出自己的贡献，同时通过积极参与世界范围内的生态环境合作，求同存异，共谋绿色发展，共建绿色家园。习近平总书记向世界做出生态文明建设的中国承诺，2014年11月16日，在出席二十国集团领导人第九次峰会第二阶段会议上他向世界各国表明中国从自我出发、坚定生态环境保护、着实承担生态环境保护责任的坚定立场："中方计划二〇三〇年左右达到二氧化碳排放峰值，到二〇三〇年非化石能源占一次能源消费比重提高到百分之二十左右，同时将设立气候变化南南合作基金，帮助其他发展中国家应对气候变化。"① 2020年9月，习近平宣布："中国将提升国家自主贡献力度，采取更加有力的政策和措施，力争二〇三〇年前二氧化碳排放达到峰值，努力争取二〇六〇年前实现碳中和。"②

我国向世界作出的碳达峰碳中和承诺，充分体现了作为一个大国的强烈社会历史责任感，既考虑了国家和人民的核心发展利益又展现出对全球生态治理工作的务实性。以碳达峰为例，至2020年，世界上已有50多个国家实现碳达峰，其中大部分是已经完成工业化的发达国家如美国、加拿大、德国、英国、法国、瑞士、比利时、荷兰、意大利、西班牙、葡萄牙、丹麦、芬兰、瑞典、挪威、爱尔兰、奥地利、澳大利亚、新西兰、日本、韩国等，少部分是主要依靠发展服务业或经济发展处于转型或衰退中的发展中国家如巴西、阿塞拜疆、格鲁吉亚、白俄罗斯、俄罗斯、乌克兰等。中国是当今世界上最大的工业国并且还处在深度工业化进程之中，追求短时间内碳达峰碳中和并不符合我国利益。因而我国关于碳达峰碳中和的承诺既关注到了我国发展阶段和当前能力的实际国情，又考虑到了中国的工业化比发达国家晚了七八十年，当前承

---

① 中共中央文献研究室.习近平关于社会主义生态文明建设论述摘编［M］.北京：中央文献出版社，2017：128.

② 习近平.论坚持人与自然和谐共生［M］.北京：中央文献出版社，2022：270.

诺已非常富有历史责任和社会责任。

我国积极支持世界各国的生态文明建设。第一，支持南方国家应对气候变化。多年来我国一直支持南方国家应对气候变化，设立中国气候变化南南合作基金，在发展中国家开展了多个低碳示范区、减缓和适应气候变化项目。中国在清洁能源、生态保护、防灾减灾、生态农业、低碳智慧型城市建设等领域与南方国家积极合作，并帮助这些国家提高融资能力。第二，支持非洲绿色、低碳、可持续发展。在中非合作中，中国坚持把可持续发展放到第一位。中国在非洲实施了大量生态环境保护项目和应对气候变化项目，为非洲培养了大量生态环境专业人才，帮助非洲走绿色循环可持续的发展道路。第三，积极推动"巴黎协定"的成功签署。1992 年 5 月，联合国大会通过《联合国气候变化框架公约》，其终极目标是将大气温室气体浓度维持在一个相对稳定的水平。巴黎大会召开的目的正是加强该条约的深入实施。2015 年 11 月，我国领导人在巴黎大会上为达成国际协议提出中国方案，中国以自身的实际行动积极参与国际气候治理，推动对气候变化行动具有里程碑意义的《巴黎协定》成功生效，并率先签署《巴黎协定》，为全球气候治理作出了极大的贡献。

我国在国际社会倡导环保合作、绿色发展理念，追求合作共赢。例如，在"一带一路"的建设中，提出要建设"绿色""健康""智力""和平"的丝绸之路。所谓"绿色丝绸之路"，是指加强环境保护合作和生态环境保护力度，践行绿色发展理念；所谓"健康丝绸之路"，是指国际间加强在疾病防控、医疗救援、传染病疫情通报、传统医药领域互利合作，着力深化医疗卫生合作；所谓"智力丝绸之路"，是指成立专业技术联盟，培养培训各类专业人才，深化人才培养合作；所谓"和平丝绸之路"，是指践行共同、综合、合作、可持续的亚洲安全观，推动构建具有亚洲特色的安全治理模式，着力深化安保合作。可以说，"一带一路"建设为国际绿色、合作共赢的发展提供了典型样本。在2016 年的杭州 G20 峰会上，中国作为"一带一路"的主席国，首次将"绿色金融"作为 G20 峰会的重点议题，促进绿色投资，推动实现经济发展绿色转型。2017 年，我国同联合国环境署等机构建立"一带一路"绿色发展国际联盟。该联盟致力于构建关于"一带一路"的绿色发展交流与合作国际平台，开展相关政策研究，打造绿色发展领域的高级智库。

在全球生态文明建设的道路上，我国站在道义的制高点，强调以人为本，追求生态正义。解决生态问题，不是不顾及人们的生存，只要把环境搞好就可以，即不能"为环保而环保"，而是追求人与自然和谐共生，同时推进人与自然皆获得解放，皆处于欣欣向荣的发展。解决生态问题不能仅将其视为生态治理的问题，而是把它与广泛或普遍存在的社会问题联系起来，把人的发展、和谐社会构建与环境保护统一起来。在生态文明建设中要考虑各国人民对美好生态的需要以及各国人民对优美生态环境的期待，探索保护环境和发展经济、消除贫困的协同关系，在绿色发展转型中追求公平正义，以增强各国广大人民的获得感、幸福感、安全感，体现"生态正义"或"生态人本主义"。我国正在推行的生态文明建设与西方国家推行的生态帝国主义政策是根本不同的，一些发达国家为了自身私利，不顾全球生态环境的保护大局，强调消费主义，大力发展经济，把污染性产业放到发展中国家去，把发展中国家既当作能源与资源来源地，又当作商品倾销地和垃圾处理地。这些发达国家的人们人均消耗着远远高于世界平均水平的能源资源却不自省，反而不顾历史原因和各国发展实际，指责像中国和印度这样的发展中国家能源使用量大、污染物排放高。他们眼中只有经济利益以及由此产生的狭隘的政治利益，而没有关注到各国人民对美好生活的期待，这导致其在实践中必然体现出社会非正义和生态非正义的一面，因而必将受到世界上有志之士的共同反对。

从国际层面来看，我国展现了自身负责任的大国形象，助推世界向更加美好的方向发展，这符合我国的核心利益，有利于提升我国在国际政治、经济、文化等方面的影响力。从国内层面来说，我国已经到了推进高质量发展的阶段，通过自我施压和加大对外开放，有助于推动（倒逼）国内经济结构进一步转型升级。因而，党和政府坚持生态全球治理是顺应全球和国内发展的大势所趋和人心所向的，有利于维护世界生态安全和本国人民生存发展利益。

第二节 "山水林田湖草生命共同体"的提出

一、"山水林田湖草生命共同体"的内涵

2013年11月，习近平总书记在党的十八届三中全会上所作《中共中央关于全面深化改革若干重大问题的决定》的说明中明确提出"山水林田湖生命共同体"的概念："山水林田湖是一个生命共同体，人的命脉在田，田的命脉在水，水的命脉在山，山的命脉在土，土的命脉在树。"[①] 提出"山水林田湖生命共同体"理念的目的在于，加强对自然资源的用途管制和生态保护与修复，遵循自然界发展规律进行国土生态治理。"如果种树的只管种树、治水的只管治水、护田的单纯护田，很容易顾此失彼，最终造成生态的系统性破坏。由一个部门负责领土范围内所有国土空间用途管制职责，对山水林田湖进行统一保护、统一修复是十分必要的。"[②] 例如，在经济社会发展中治水要讲究"统筹"，要用山水林田湖统筹治水，运用系统论思维解决问题，不能就水论水，应该统筹治水和治山、治水和治林、治水和治田、治山和治林等。

在"山水林田湖生命共同体"之中，各个要素是相互依存的。如果树没了，山上的土壤就很难保留，山就会变得光秃秃的，而光秃秃的山就留不住水，缺水就会影响种田，进而影响到人的生产生活。"山水林田湖生命共同体"只是一种简要的易于人民群众理解的大地生命共同体表达方式，不能将其理解成为一种事物与另一种事物之间的简单线性关系。例如，森林可以保护土壤免遭侵蚀、保护水源，但保护土壤也能

---

① 习近平谈治国理政［M］. 北京：外文出版社，2014：85.

② 习近平谈治国理政［M］. 北京：外文出版社，2014：85-86.

保护森林："森林，为土壤增添有机物和减缓水的流失，从而有助于控制土壤侵蚀。杂乱落在地面上的树叶，防止土壤被雨点打散，在植被和土壤之间形成一种牢固的连结。森林植被使土壤得以积累，防止冲刷。积累的土壤反过来又为森林的成长提供健康的媒质。在这种共生的关系中，森林的丧失有时就意味着土壤的丧失，反过来又阻碍了森林的复苏。"① 值得注意的是，"山水林田湖生命共同体"之中还包括着人的因素，从"人的命脉在田"即可看出。这就是说，"山水林田湖生命共同体"并不仅仅是自然事物之间的相互联系，也包括人和自然的联系；"山水林田湖生命共同体"要处于和谐状态，必须重视具有能动意识的人的主体作用。因而，"山水林田湖生命共同体"重要论述与"人与自然是生命共同体"理念是相通的，只是强调的层面不同：前者强调了自然事物之间的相互影响、相互依赖的关系，后者强调的是人与自然之间的相互影响、相互依赖的关系；提出前者的目的在于让人们认识到要站在系统工程维度来看待、统筹生态环境的治理，而提出后者的目的在于要人们尊重自然、顺应自然、按照自然规律办事。

"山水林田湖生命共同体"提出之后，又进行了丰富，在2017年中央全面深化改革领导小组第三十七次会议添加了一个"草"字。"山水林田湖草生命共同体"理念的提出对于我国草地保护和国土安全有着重要意义。2017年10月，党的十九大报告明确提出，要"统筹山水林田湖草系统治理"。

为了更好践行"山水林田湖草生命共同体"理念，改变过去的条块管理以及自然资源产权、管理权、执法权不清晰的状况，2018年4月我国相继成立了自然资源部和生态环境部。自然资源部负责自然资源的调查和确权，统一进行生态修复和环境保护；生态环境部负责生态环境监测和执法工作，亦包括污染防治的管理，以及核与辐射的监管等。自然资源部和生态环境部的成立厘清了政府机关在生态环境保护上的职

---

① ［美］莱斯特·R.布朗.生态经济［M］.林自新，戢守志，等译.北京：东方出版社，2002：196.

能，使保护的注重保护，执法的负责执法，为我国生态文明建设的长远发展奠定了坚实的制度基础。

践行山水林田湖草系统治理理念，要求根据实践情况适当地开展土地休耕、退耕还林还草、湿地保护、植树造林等。从中我们可以看出，山水林田湖草系统治理的一些特点：一是重视从整体视域整治与保护环境、修复生态。二是生态修复与生态保护的和谐统一，相辅相成。生态修复是把过去损害自然的生态赤字补回来，是"还账"；生态保护是加强自然生态环境的保护，让自然欣欣向荣，各项生态指标进一步改善，是"盈利"。

2020 年 8 月 31 日，中共中央政治局会议审议通过了《黄河流域生态保护和高质量发展规划纲要》。该纲要提出遵循自然规律和客观规律，统筹推进山水林田湖草沙综合、系统、源头治理。

2021 年 3 月 5 日，习近平在参加十三届全国人大四次会议内蒙古代表团审议时再次强调统筹"山水林田湖草沙"综合系统治理。从"山水林田湖草"到"山水林田湖草沙"的系统治理观念转变，表明了我国在国土治理领域系统治理理念上的进一步深化。

2021 年 6 月，习近平在青海考察，当地干部在汇报工作时指出，当地正在统筹"山水林田湖草沙冰"系统治理。2021 年 7 月 21 日，习近平总书记在西藏林芝考察时强调，要"坚持山水林田湖草沙冰一体化保护和系统治理""切实保护好地球第三极生态"。① "山水林田湖草沙冰"一体化保护和修复理念的提出，表明了我国在生态系统治理领域的进一步深化，它的提出有利于我国更好地开展国土资源的保护与修复及建构山清水秀的美丽中国。

二、统筹山水林田湖草沙冰综合治理

实践生态系统的综合治理，须站在全国维度对一些重点、重要的区

---

① 高敬. 第一观察｜青藏高原生态保护，总书记如此重视！［EB/OL］.（2021 - 07 - 24）. http：//www. xinhuanet. com/politics/leaders/2021 - 07/24/c_1127691232. htm.

域和工程作出规划。新时代生态文明建设须在保护优先和自然恢复的原则下，深入实施生态一体化的生态保护修复。为贯彻落实党中央、国务院相关决策部署，国家发展改革委、自然资源部会同科技部、财政部、生态环境部、水利部、农业农村部、应急管理部、中国气象局、国家林草局等有关部门，在充分调研论证的基础上，研究编制了《全国重要生态系统保护和修复重大工程总体规划（2021—2035年）》。该规划以国家生态安全战略格局为基础，突出对国家重大战略的生态支撑，统筹考虑生态系统的完整性、地理单元的连续性和经济社会发展的可持续性，提出了到2035年推进森林、草原、荒漠、河流、湖泊、湿地、海洋等自然生态系统保护和修复工作的主要目标，以及统筹山水林田湖草一体化保护和修复的总体布局、重点任务、重大工程和政策举措。该规划指称的"重要生态系统保护和修复重大工程"包括以下几个方面。

（1）青藏高原生态屏障区生态保护和修复重大工程。本区域位于我国西南部，涉及西藏、青海、四川、云南、甘肃、新疆6个省（区），含三江源草原草甸湿地、若尔盖草原湿地、甘南黄河重要水源补给、祁连山冰川与水源涵养、阿尔金草原荒漠化防治、藏西北羌塘高原荒漠、藏东南高原边缘森林7个国家重点生态功能区。

（2）黄河重点生态区（含黄土高原生态屏障）生态保护和修复重大工程。本区域涉及青海、甘肃、宁夏、内蒙古、陕西、山西、河南、山东8个省（区），包括1个国家重点生态功能区，即黄土高原丘陵沟壑水土保持生态功能区（四川的若尔盖草原湿地、甘肃的甘南黄河重要水源补给、青海的三江源草原草甸湿地生态功能区纳入青藏高原生态屏障区）。

（3）长江重点生态区（含川滇生态屏障）生态保护和修复重大工程。本区域涉及四川、云南、贵州、重庆、湖北、湖南、江西、安徽、江苏、浙江、上海11个省（市），含川滇森林及生物多样性、桂黔滇喀斯特石漠化防治、秦巴山区生物多样性、三峡库区水土保持、武陵山区生物多样性与水土保持、大别山水土保持6个国家重点生态功能区以及洞庭湖和鄱阳湖等重要湿地。

（4）东北森林带生态保护和修复重大工程。本区域位于我国东北部，涉及黑龙江、吉林、辽宁和内蒙古4个省（区），含大小兴安岭森林、长白山森林和三江平原湿地3个国家重点生态功能区。

（5）北方防沙带生态保护和修复重大工程。本区域跨越我国北方地区，涉及黑龙江、吉林、辽宁、北京、天津、河北、内蒙古、甘肃、新疆（含新疆兵团）9个省（区、市），是"两屏三带"中的北方防沙带，含京津冀协同发展区和阿尔泰山地森林草原、塔里木河荒漠化防治、呼伦贝尔草原草甸、科尔沁草原、浑善达克沙漠化防治、阴山北麓草原6个国家重点生态功能区。

（6）南方丘陵山地带生态保护和修复重大工程。本区域主要涉及福建、湖南、江西、广东、广西5省（区），含南岭山地森林及生物多样性国家重点生态功能区和武夷山等重要山地丘陵区。

（7）海岸带生态保护和修复重大工程。本区域涉及辽宁、河北、天津、山东、江苏、上海、浙江、福建、广东、广西、海南11个省（区、市）的近岸近海区，涵盖黄海、渤海、东海、南海等重要海洋生态系统，含辽东湾、黄河口及邻近海域、北黄海、苏北沿海、长江口—杭州湾、浙中南、台湾海峡、珠江口及邻近海域、北部湾、环海南岛、西沙、南沙12个重点海洋生态区和海南岛中部山区热带雨林国家重点生态功能区。

（8）自然保护地建设及野生动植物保护重大工程。本工程主要工作内容包括：做好国家公园建设；加强国家级自然保护区保护和修复；加强国家级自然公园保护；加强濒危野生动植物保护。

（9）生态保护和修复支撑体系重大工程。本工程主要内容包括：加强生态保护和修复基础研究、关键技术攻关以及技术集成示范推广与应用，加大重点实验室、生态定位研究站等科研平台建设；构建国家和地方相协同的一体化生态监测监管平台和生态保护红线监管平台；做好森林草原保护；做好生态气象保障。

截至目前，我国已累计投入近9000亿元转移支付资金，对水土保持、水源涵养、防风固沙、生物多样性维护等国家重点生态功能区开展保护，涉及810个县域约484万平方公里，占陆域国土面积50.4%。[①]

在环境的治理和修复工程之中，我国很关心大江大河的修复。我国很多大江大川位于西部欠发达区域，因而在开发资源时注意惠及当地人民。像青藏高原，它是世界屋脊和亚洲水塔，是我国重要的安全屏障。为了保护青藏高原地区的原生态，我国实施了系列关于生态环境的保护修复政策，建设了以国家公园为代表的自然保护地，取得了极为显著的效果：当地的退化草地得到恢复，野牦牛、雪豹、藏羚羊等珍稀野生动物的数量得到明显增长，在保护高原生态安全屏障的同时提高了人民的福祉。在青藏高原地区实施国家公园和其他形式的生态补偿政策的原因在于，当地在发展和环境保护上发生了矛盾。青藏高原地区较为严重的土地沙化、石漠化产生的一个重要原因是草原放牧过载。研究数据显示，2000~2015年，青藏高原理论载畜量由0.86亿羊单位增加到0.94亿羊单位，但实际载畜量由原来的1.45亿羊单位增加到1.58亿羊单位，实际载畜量为理论载畜量的1.6倍以上，80.93%的当地县出现超载。[②] 只有在政策上平衡了人民生活水平提高和生态环境质量提升，像青藏高原地区这样的重要生态安全屏障区域的发展才是现实和可长久的。

长江和黄河是中华民族的母亲河，也是中华民族发展的重要支撑。推动长江经济带发展必须从中华民族长远利益考虑，走生态优先、绿色发展之路，使良好的生态环境产生巨大的生态效益、经济效益、社会效益。为了更好地保护长江、推动长江流域可持续发展，我国于2020年12月26日通过了《中华人民共和国长江保护法》。为了更好地保护黄河，推动黄河流域可持续发展，我国于2022年10月30日通过了《中华人民共和国黄河保护法》。

我国开展了大规模的国土绿化行动。做好天然林保护、防护林体系

---

① 谢博韬. 近九千亿元推动国家重点生态功能区保护 [EB/OL]. (2024 - 05 - 13). https：//news. cctv. cn/2024/05/13/ARTI7dxzJH8MdCT5gO79nQ0N240513. shtml.

② 欧阳志云，郑华. 让青藏高原成为更好的生态安全屏障 [N]. 光明日报，2022 - 05 - 22 (5).

建设，推进退耕还林还草，不断加强城市的绿化。党的十八大以来，党中央领导人民群众积极推进国土绿化，改善城乡人居环境。2024 年 2 月自然资源部公布的《2023 年中国自然资源公报》显示，2022 年全国共有林地 28354.6 万公顷（其中，乔木林地 19680.8 万公顷，竹林地 699.2 万公顷，灌木林地 5835.8 万公顷，其他林地 2138.8 万公顷）。

另外，我国生态文明建设还强调湿地的保护。湿地通常是指具有生态功能的自然或人工的、常年或季节性积水地带、水域。湿地如同森林、海洋一样具有重要的生态系统功能，被人们形象地称为"地球之肾"。湿地保护极为重要，关系到国家的生态安全。为了保护湿地，我国实行湿地面积的总量管理，加强对湿地用途的管理，推动已退化的湿地修复，增强其生态功能，维护其生态多样性。2021 年 12 月，第十三届全国人大常务委员会第三十二次会议通过了《中华人民共和国湿地保护法》，为我国湿地保护奠定了扎实的法治基础。

第四章

生态民生论：解决影响人民群众生活的突出环境问题

2013年4月，习近平总书记在海南考察指导工作时深刻指出："对人的生存来说，金山银山固然重要，但绿水青山是人民幸福生活的重要内容，是金钱不能代替的。你挣到了钱，但空气、饮用水都不合格，哪有什么幸福可言。"① 习近平总书记的话告诉我们，金山银山和绿水青山对于人民来说都很重要，但从"人民幸福生活"的角度来看，绿水青山更为重要，是金钱所不能代替的。从当前我国的现代化而言，一方面我们要创造大量的物质财富，另一方面或者更需要注意的是，我们需要为人民群众创造优美的生态环境，因为生态环境已经成为了民生的重要内容，需要我们努力做好这一方面的工作。当然，关于生态环境保护需要做的工作很多，为了人民生存与发展利益，我们应着力解决影响人民群众生活的突出环境问题。

第一节 生态环境是重大的民生问题

所谓"民生"是指"人民的生计"，包括民众的生产生活状况、民众的基本发展能力和权益。常见的政治学意义上的"民生"范畴包括教育、医疗、就业、收入、养老、社会保障、住房、交通等。随着时代

---

① 中共中央文献研究室．习近平关于社会主义生态文明建设论述摘编［M］．北京：中央文献出版社，2017：4.

的变化，生态环境已经成为重大的民生问题，党和政府已经注意到人民群众社会关注点的巨大变化，深入体悟民心，真正实现工作内容和工作方式的转变，着力解决突出生态环境问题，以满足民生所需。

一、生态环境已经成为重大的民生问题

中国共产党和中国政府一直以来非常重视解决人民群众所普遍关切的民生问题。新中国成立之初，国家百废待兴，人民生活极为困苦。根据联合国亚太事务委员会的统计，1949 年我国人均国民收入只有 27 美元，低于当时整个亚洲 44 美元的人均收入。新中国成立后特别是改革开放之后，我国大力发展社会生产力，增强国家综合国力，不断提高人民生活水平，满足人民群众日益增长的物质与文化需要。国家统计局的公开数据显示，1978 年，我国经济总量为 0.37 万亿元，全国居民人均可支配收入为 171 元，2023 年我国经济总量为 126 万亿元，全国居民人均可支配收入为 39218 元。我国经济上的腾飞增强了综合国力，为人民群众生活的改善奠定了扎实基础。

改革开放以来，我国生产力快速发展，与此同时，生态环境状况也逐渐变差。特别是社会上出现了大量的环境群体性事件，引发了一些不和谐、不安定的社会因素（覃冰玉，2015）。生态问题成为重大民生问题有以下原因：一是随着人民群众生活水平的提高，人们对美好生活的需要不再局限于物质与文化需要，更好的教育、更高的收入、更优美的生活环境等需要逐渐显现出来。根据马斯洛需要层次理论，人们对需要的满足是逐渐升级的（从低到高依次为生理需要、安全需要、归属需要、尊重需要、自我实现需要），所以我国人民对美好生活的追求（即从过去的"求温饱"到现在的"求环保"）转变是符合事物发展规律的。二是经过改革开放以来几十年的发展，我国原有的高耗能、高污染的经济增长方式所带来的弊端日渐显现出来，其中最具代表性的就是生态问题的凸显。虽然我国已出台了大量法规和制度保护生态环境，但生态环境状况特别是大气、水、土壤等污染状况在惯性的作用下还是逐渐恶化，严重影响了人民群众的生活。三是随着网络信息媒介的快速发

展，生态环境恶劣的情况及其危害被人们更为快速地知晓。

2013 年初发生的雾霾波及 25 个省份，涉及 100 多个城市，很多地区 PM2.5 爆表，学校停课，公路停运，航班停飞，呼吸管疾病人数增多，整个事件影响人数达 6 亿多人。随着网络信息的日渐发达，人们越来越能意识到环境污染事件对人体所造成的伤害。因而，生态环境问题日益成为一个大众普遍关注的社会性话题。特别是由环境问题而引发的地方环境群体性事件，往往参与人员广泛，其中兼有暴力和非暴力行为，虽然他们往往没有坚强的领导者，但由于参与人员多，事件持续时间长，社会影响很大（覃冰玉，2015）。可以想象，环境问题及由其导致的群体性事件如果处理不好的话，会严重损及党和政府的形象和声誉。

2013 年 4 月，习近平总书记在十八届中央政治局常委会会议上关于第一季度经济形势的讲话中郑重指出："如果仍是粗放发展，即使实现了国内生产总值翻一番的目标，那污染又会是一种什么情况？届时资源环境恐怕完全承载不了。想一想，在现有基础上不转变经济发展方式实现经济总量增加一倍，产能继续过剩，那将是一种什么样的生态环境？经济上去了，老百姓的幸福感大打折扣，甚至强烈的不满情绪上来了，那是什么形势？所以，我们不能把加强生态文明建设、加强生态环境保护、提倡绿色低碳生活方式等仅仅作为经济问题。这里面有很大的政治。"①

2015 年 3 月，在参加十二届全国人大三次会议江西代表团审议时的讲话中，习近平总书记指出："环境就是民生，青山就是美丽，蓝天也是幸福。要像保护眼睛一样保护生态环境，像对待生命一样对待生态环境。"②

2016 年 1 月，在省部级主要领导干部学习贯彻党的十八届五中全

---

① 中共中央文献研究室. 习近平关于社会主义生态文明建设论述摘编［M］. 北京：中央文献出版社，2017：5.

② 中共中央文献研究室. 习近平关于社会主义生态文明建设论述摘编［M］. 北京：中央文献出版社，2017：8.

会精神专题研讨班上的讲话中，习近平总书记指出："我讲过，环境就是民生，青山就是美丽，蓝天也是幸福，绿水青山就是金山银山；保护环境就是保护生产力，改善环境就是发展生产力。在生态环境保护上，一定要树立大局观、长远观、整体观，不能因小失大、顾此失彼、寅吃卯粮、急功近利。我们要坚持节约资源和保护环境的基本国策，像保护眼睛一样保护生态环境，像对待生命一样对待生态环境，推动形成绿色发展方式和生活方式，协同推进人民富裕、国家强盛、中国美丽。"①

二、需要着力解决的突出环境问题

涉及人民群众的突出环境问题最具代表性的莫过于大气、水、土壤的污染，这三者的环境质量直接影响到人民群众的生命健康。除此之外，垃圾围城、农村厕所改建等也属于目前我国比较急迫的影响人民群众的突出环境问题，下面一一进行论述。

第一，空气污染问题。在环境治理中，空气治理非常重要。根据联合国环境署公布的《全球环境展望5》指出，全球每年有70万人死于因臭氧而导致的呼吸系统疾病，有近200万人因颗粒物的浓度上升而过早死亡。世界卫生组织下属的癌症研究组织研究证实，大气污染是普遍的、重要的环境致癌物质。

空气中对人体伤害较大的有二氧化硫（SO_2）、二氧化氮（NO_2）、一氧化碳（CO）、臭氧（O_3）、可吸入颗粒物（PM10）和细颗粒物（PM2.5）。其中：（1）二氧化硫会对呼吸系统造成损害，引发支气管炎、哮喘、肺气肿、肺癌等疾病；如果孕妇长期接触二氧化硫，可能会引起胎儿早产或畸形。（2）二氧化氮是一种有毒气体，会导致人体呼吸系统损伤、眼部不适、神经系统损伤、心血管系统损伤和肝脏损伤。（3）一氧化碳是一种无色无味的气体，对人体的危害主要是导致脑细胞缺氧、心跳加快、昏迷等。（4）臭氧是强氧化性的气体，过量

---

① 中共中央文献研究室. 习近平关于社会主义生态文明建设论述摘编 [M]. 北京：中央文献出版社，2017：12.

吸入会导致咽喉疼痛、咳嗽、头晕、黏膜溃烂、视力下降等不良后果。（5）PM10浓度过高会引起支气管炎、肺气肿、呼吸困难、眼鼻搔痒等疾病。（6）PM2.5粒径小，富含大量的有毒有害物质，容易进入人类的呼吸系统，从而对人体造成严重伤害。

根据环境保护部公布的数据，我国空气状况一度不容乐观。例如，《2013中国环境状况公报》指出："2013年，全国城市环境空气质量不容乐观。全国酸雨污染总体稳定，但程度依然较重。"2013年，京津冀、长三角、珠三角等重点区域及直辖市、省会城市和计划单列市共74个城市按照环境空气质量新标准（GB 3095–2012）展开检测，对SO_2、NO_2、PM10、PM2.5年均值，CO日均值和O_3日最大8小时均值进行评价，74个城市中仅海口、舟山和拉萨3个城市空气质量达标，占比4.1%；超标城市比例为95.9%。特别是在2013年初，多地出现空气质量指数（AQI）爆表，部分监测点位PM2.5小时浓度最大值高达1000微克/立方米左右，震撼了广大国人。严重的空气污染对人民群众身体健康和经济社会发展造成了极大影响，亟须得到解决。

第二，水安全问题。水安全影响到人们的身体健康。我国地下水和湖泊水已经受到严重污染，问题的重要性和急迫性实在与空气污染的重要性和紧迫性并无差异。据统计，我国60%的人饮用水不达标，2亿人饮用水中大肠杆菌超标（牛翠娟等，2015）。除水污染外，水的安全在我国的另外一个表现是"水短缺"。我国人均水资源占有量仅为世界平均水平的1/3，且水资源的分布很不均匀。地球政策研究所所长布朗在其名著《生态经济》致中国读者部分指出，中国正面临十分严重的缺水问题，就其严重程度而言可谓世界之最的前列，华北平原地下水位日趋下降，有可能从根本上毁坏本地区的农业。

第三，土壤重金属超标。随着工业化和城市化的快速发展，我国的土壤状况不容乐观，大多数城市近郊土壤都遭受到不同程度的污染，农田中镉、铅、铬、锌、砷等重金属含量严重超标（牛翠娟等，2015）。2012年，习近平在广东考察时指出："特别是有些地方，像重金属污染区，水被污染了，土壤被污染了，到了积重难返的地步。"① 据2014年4月，环境保护部与国土资源部发布的《全国土壤污染状况调查公报》显示，我国受污染耕地约占全部采样耕地的1/6。研究数据显示，矿区附近污染耕地点位重金属超标比重达到93.75%。只有土地干净，农产品才能优质，因而我们一定要重视并解决土壤重金属超标问题。

第四，垃圾围城问题。我国的垃圾逐年增多，已成为一个较为严重的问题。根据生态环境部公布的《2020年全国大、中城市固体废物污染环境防治年报》，2019年，196个大、中城市一般工业固体废物产生量达13.8亿吨，工业危险废物产生量为4498.9万吨，医疗废物产生量为84.3万吨，城市生活垃圾产生量为23560.2万吨。虽然目前我国城市垃圾的处理率已经达到了99%以上，但处理方式以填埋为主，这占用了我国宝贵的土地资源，并有可能产生二次污染。习近平总书记深刻认识到我国垃圾问题的严重性，指出："目前，垃圾数量增加迅速，传统填埋方式处理空间不足，而采取清洁的焚烧方式普遍受到'邻避'干扰，重要原因是没有普遍建立垃圾分类制度，垃圾分类试点试行十六年基本上仍在原地踏步。"②

第五，农村厕所问题。长期以来，我国农村地区多是"一个土坑两块板"的旱厕。直到党的十八大之前，我国农村仍广泛存在着旱厕，这种旱厕粪水暴露，蚊蝇孳生，臭气熏天，非常不卫生，容易传染疾病。习近平总书记指出："解决好厕所问题在新农村建设中具有标志性意义，要因地制宜做好厕所下水道管网建设和农村污水处理，不断提高农民生活质量。"③

---

① 中共中央文献研究室. 习近平关于社会主义生态文明建设论述摘编［M］. 北京：中央文献出版社，2017：3.

② 中共中央文献研究室. 习近平关于社会主义生态文明建设论述摘编［M］. 北京：中央文献出版社，2017：93.

③ 中共中央文献研究室. 习近平关于社会主义生态文明建设论述摘编［M］. 北京：中央文献出版社，2017：89.

第二节　解决影响人民群众生活的突出环境问题

为了解决影响人民群众生活的突出环境问题，党和政府聚焦我国生态环境问题的产生原因，对症下药，综合施策，取得了举世瞩目的效果，生态环境质量发生了根本性、全局性、历史性的改善。

一、解决突出环境问题的方式方法

（一）解决大气污染问题

我国大气污染产生的原因如下：其一，能源燃烧。煤炭、石油、天然气在燃烧过程中会产生烟尘和其他一些对人有害的气体。其二，工业生产。我国是世界工厂，工业排放产生的污染物数量可观。其三，汽车尾气排放。我国拥有数量庞大的私家车、交通运输车，汽车尾气排放对环境影响很大。其四，其他原因。道路扬尘、餐饮油烟、秸秆燃烧、烟花爆竹燃放等也会产生一定量的空气污染物。

针对大气污染治理，2013年国务院印发《大气污染防治行动计划》（"气十条"）。关于减少能源排放带来的污染，它指出控制煤炭消费总量，加快清洁能源替代利用，推进煤炭清洁利用，提高能源使用效率等举措。关于工业排放，它提出要加强工业企业大气污染综合治理，加快重点行业脱硫、脱硝、除尘改造工程建设，推进挥发性有机物污染治理，并要求京津冀、长三角、珠三角等区域要于2015年底前基本完成燃煤电厂、燃煤锅炉和工业窑炉的污染治理设施建设与改造，完成石化企业有机废气综合治理。关于移动源污染防治，它提出加强城市交通管理，提升燃油品质，加快淘汰黄标车和老旧车辆，加强机动车环保管理，加快推进低速汽车升级换代，大力推广新能源汽车等举措。关于面源污染，它提出综合整治城市扬尘，开展餐饮油烟污染治理等举措。除此之外，"气十条"还提出调整优化产业结构，推动产业转型升级；加快企业技术改造，提高科技创新能力；严格节能环保准入，优化产业空间布局；发挥市场机制作用，完善环境经济政策；健全法律法规体系，严格依法监督管理；建立区域协作机制，统筹区域环境治理；建立监测预警应急体系，妥善应对重污染天气；明确政府企业和社会的责任，动员全民参与环境保护等重要的行动计划。

为进一步改善空气质量，2018 年 7 月国务院发布《打赢蓝天保卫战三年行动计划》。此计划以京津冀及周边地区、长三角地区、汾渭平原等区域为重点，持续开展大气污染防治行动，系统谋划、精准施策，坚决打赢蓝天保卫战。其目标是，经过 3 年努力，大幅减少主要大气污染物排放总量，协同减少温室气体排放，明显降低 PM2.5 浓度，明显减少重污染天数，明显改善环境空气质量，明显增强人民的蓝天幸福感。其基本思路是优化产业结构、能源结构调整、运输结构调整和用地结构调整。（1）优化产业结构举措包括优化产业布局；严控"两高"行业产能；强化"散乱污"企业综合整治；深化工业污染治理；大力培育绿色环保产业。（2）能源结构调整举措包括有效推进北方地区清洁取暖；重点区域继续实施煤炭消费总量控制；开展燃煤锅炉综合整治；提高能源利用效率；加快发展清洁能源和新能源。（3）运输结构调整举措包括优化调整货物运输结构；加快车船结构升级；加快油品质量升级；强化移动源污染防治。（4）用地结构调整举措包括实施防风固沙绿化工程；推进露天矿山综合整治；加强扬尘综合治理；加强秸秆综合利用和氨排放控制。相比"气十条"政策，《打赢蓝天保卫战三年行动计划》强调精准的战略实施、污染源控制和长效机制建设（李兰兰等，2024）。

（二）解决水污染、水短缺问题

我国的水体污染来源包括三种，其一，工业生产中产生的废水排放，影响较大的产业有印染、造纸、化工、制药、制革、电镀、冶金、采矿、石油工业、食品工业等；其二，日常生活中排放的各种污水、废水，如由烹调、洗衣、沐浴、洗车、冲洗道路、浇洒绿地、冲洗厕所带来的污水；其三，农业生产中因使用农药、化肥所造成的水体污染。我国的"水短缺"通常是与森林的过度砍伐、农村地区庄稼灌溉和城市用水有关。

为解决水污染、水短缺等水安全问题，2015年4月国务院印发《水污染防治行动计划》（"水十条"）。"水十条"的工作目标是：到2030年，争取全国水环境质量总体改善，水生态系统功能初步恢复；到本世纪中叶，生态环境质量全面改善，生态系统实现良性循环。关于工业污水，"水十条"的对策是：2016年底前，全部取缔不符合国家产业政策的小型造纸、制革、印染、染料、炼焦、炼硫、炼砷、炼油、电镀、农药等严重污染水环境的"十小"生产项目；制定造纸、焦化、氮肥、有色金属、印染、农副食品加工、原料药制造、制革、农药、电镀十大重点行业专项治理方案，实施清洁化改造；强化经济技术开发区、高新技术产业开发区、出口加工区等工业集聚区污染治理，并且要求集聚区内工业废水必须经预处理达到集中处理要求，方可进入污水集中处理设施。关于城镇生活污水，"水十条"的对策是：加快城镇污水处理设施建设与改造；全面加强配套管网建设；推进污泥处理处置。关于农业农村的污水，"水十条"的对策是：防治畜禽养殖污染；控制农业面源污染；调整种植业结构与布局；加快农村环境综合整治。

不仅如此，我国还要求在全国实施"河长制"。现代河长制最早是在2003年10月由浙江省长兴县首创。2016年11月，中共中央办公厅和国务院办公厅发布文件《关于全面推行河长制的意见》，要求全国各地各部门根据各地情况开展河长制。河长制一般分为省、市、县、乡四级，河长通常由党政主要领导干部兼任，这样可以克服原来只由环保部门管理河流所产生的一些弊端。

（三）开展土壤污染治理和修复

土壤的污染通常有两种情况：一是由工业化所带来的我国大多数城市近郊土壤重金属含量超标；二是农业中大量施用化肥所带来的土壤污染。研究表明，化肥的过量使用会使土壤中重金属和有毒元素成分增加，这些重金属和有毒元素通过农产品进入人体，直接危害人体的健康。同时，化肥的过量施用还会导致土壤营养失调，造成土壤硝酸盐沉淀，破坏土壤结构，加速土壤酸化，降低土壤微生物活动，从而改变土壤性状，降低土壤肥力，降低作物产量，造成追施化肥的恶性循环（肖显静，2014）。

针对我国土壤状况总体堪忧的情况，2016 年 5 月，国务院印发了《土壤污染防治行动计划》（"土十条"）以应对我国当前面临的土壤污染问题。"土十条"的发布可以说是我国土壤修复事业中的里程碑事件。它坚持预防为主、保护优先、风险管控，突出重点区域、行业和污染物，严控新增污染、逐步减少存量，形成政府主导、企业担责、公众参与、社会监督的土壤污染防治体系，促进土壤资源永续利用。其工作目标是：到 2030 年，全国土壤环境质量稳中向好，农用地和建设用地土壤环境安全得到有效保障，土壤环境风险得到全面管控；到 21 世纪中叶，土壤环境质量全面改善，生态系统实现良性循环。"土十条"的内容是：开展土壤污染调查，掌握土壤环境质量状况；推进土壤污染防治立法，建立健全法规标准体系；实施农用地分类管理，保障农业生产环境安全；实施建设用地准入管理，防范人居环境风险；强化未污染土壤保护，严控新增土壤污染；加强污染源监管，做好土壤污染预防工作；开展污染治理与修复，改善区域土壤环境质量；加大科技研发力度，推动环境保护产业发展；发挥政府主导作用，构建土壤环境治理体系；加强目标考核，严格责任追究。

2018 年 8 月 31 日，十三届全国人大常委会第五次会议通过《中华人民共和国土壤污染防治法》。该法指出，土壤污染防治应当坚持预防为主、保护优先、分类管理、风险管控、污染担责、公众参与的原则。该法的目的或目标是："防治土壤污染，保障公众健康，推动土壤资源永续利用，推进生态文明建设，促进经济社会可持续发展。"

（四）推动垃圾革命

为改变我国垃圾围城的现状，实行垃圾分类制度很有必要。例如，纸的回收利用能够极大减少造纸过程中产生的污染物，并且比制造新纸还可以节约30%～50%的能量（牛翠娟等，2015）。2017年以来，国家发改委、国务院、住建部、国家卫计委、国家机关事务管理局、教育部、生态环境部出台相关政策文件，要求在全国进行垃圾分类的教育、宣传及践行工作。特别重要的一个文件是，2017年3月由国务院办公厅发布的《国务院办公厅关于转发国家发展改革委住房城乡建设部生活垃圾分类制度实施方案的通知》，要求各省、自治区、直辖市人民政府，国务院各部委、各直属机构认真贯彻执行。国家发展改革委、住房城乡建设部制定了《生活垃圾分类制度实施方案》，其目的在于切实推动生活垃圾分类，以完善城市管理和服务，创造优良的人居环境。它要求在2020年底前，在我国一些重点城市城区范围内先行实施生活垃圾强制分类。它的实施区域包括直辖市、省会城市、计划单列市，以及住房城乡建设部等部门确定的第一批生活垃圾分类示范城市，同时鼓励各省（区）结合实际，选择本地区具备条件的城市实施生活垃圾强制分类，指出国家生态文明试验区、各地新城新区应率先实施生活垃圾强制分类。2019年以来，我国多地出台政策性文件，要求在本地普遍开展垃圾分类，取得了良好的效果。

（五）实施"厕所革命"

厕所卫生关系到农村人居环境的改善。厕所不是小事情，它连着大民生，关系大文明。党的十八大之后，我国在全国乡村普遍开展"厕所革命"，取得了良好的效果。在实施过程中，农业农村部、财政部、发改委、各地方纷纷筹措资金助力农村厕所革命。2021年1月，中共中央、国务院《关于全面推进乡村振兴、加快农业农村现代化的实施意见》第十六条"实施农村人居环境整治提升五年行动"指出："分类有序推进农村厕所革命，加快研发干旱、寒冷地区卫生厕所适用技术和产品，加强中西部地区农村户用厕所改造。统筹农村改厕和污水、黑臭水体治理，因地制宜建设污水处理设施。"

2021年7月，习近平总书记对深入推进农村厕所革命作出重要批示。批示肯定了近年来我国各地农村厕所革命深入推进和卫生厕所不断推广普及的成绩，认为这种做法使得农村人居环境得到明显改善。批示要求，"十四五"时期要坚持做好农村厕所革命，科学引导、因地制宜，积极发挥农民主体作用深入推进工作，在实际工作中坚决反对形式主义，求质量、求实效，扎扎实实向前推进。

二、解决突出环境问题的基本成效

一是空气质量逐年稳步改善。党的十八大以来，我国的大气治理工作取得了良好的成绩，空气质量逐年明显改善。生态环境部公布的《中国空气质量改善报告（2013－2018年）》显示，2018年全国74个重点监测城市，空气中的PM2.5平均浓度下降了42%，二氧化硫平均浓度下降了68%。在2013～2018年我国GDP增长39%的大背景下，大气污染浓度却实现大幅下降，这说明自2013年"向污染宣战"以来，我国空气治理成效显著。《2022中国生态环境状况公报》显示，2022年全国339个地级及以上城市细颗粒物浓度为29微克/立方米，比2021年下降3.3%；优良天数比例为86.5%，高于年度目标0.9个百分点；重度及以上污染天数比例为0.9%，比2021年下降0.4个百分点。

二是水质状况有了明显改善。在持续深入推进生态文明建设的进程中，我国水质有了明显的改善。根据《2022中国生态环境状况公报》数据，2022年全国地表水主要断面监测中，Ⅰ类～Ⅲ类水达87.9%，而2014年仅为63.1%。在我国七大流域和浙闽片河、西南诸河、西北诸河主要河流监测的3115个断面中，Ⅰ类～Ⅲ类水质达90.2%，劣Ⅴ类水质占0.4%，比2021年下降0.5%个百分点。长江流域、珠江流域、西南诸河、西北诸河、浙闽片河水质优，辽河流域、淮河流域、黄河流域水质良，松花江流域和海河流域为轻度污染。2022年监测的210个重要湖泊（水库）中，Ⅰ类～Ⅲ类水质达73.8%，劣Ⅴ类占4.8%。2022年监测的919个地级及以上城市集中式生活饮用水断面（点面）中，全年达标的占95.9%。

三是全国土壤环境风险得到基本管控。经过努力，我国土壤污染问题在一定程度上得到缓解。据生态环境部发布的《2021 中国生态环境状况公报》显示，土壤污染加重趋势得到初步遏制，受污染耕地安全利用率稳定在 90% 以上，重点建设用地安全利用得到有效保障，耕地质量平均等级为 4.76 等。2021 年，全国水土流失面积为 267.42 万平方公里；全国荒漠化面积为 257.37 万平方公里，沙化面积为 168.78 万平方公里。

四是垃圾围城问题得到一定解决。经过努力，我国垃圾问题在诸多地区得到较好解决。2019 年 6 月，杭州市第十三届人民代表大会常务委员会第二十次会议审议通过的《杭州市人民代表大会常务委员会关于修改〈杭州市生活垃圾管理条例〉的决定》，加强了垃圾分类的实施工作。作为全国 46 个垃圾分类重点城市之一，杭州市健全了从垃圾分类到资源利用的全链条工作体系，形成了以"全体系分类标准、全落地责任矩阵、全方位宣传教育、全市域设施配置、全覆盖资源利用、全过程监督管理"为特点的垃圾分类"杭州模式"。到 2021 年，全市城乡生活垃圾分类覆盖率、无害化处理率、资源化利用率均达 100%，生活垃圾实现"零增长零填埋"，全市生活垃圾分类社会评价知晓度 97.19、参与度 92.25、满意度 89.25、支持度 98.59、信心度 96.34、获得感 91.48。各项指标走在全省、全国前列。

2019 年 7 月，《上海市生活垃圾管理条例》正式施行。相关数据显示，该条例实施以来，上海建立完善了垃圾分类长效机制，全市居住区（村）、单位垃圾分类达标率稳定在 95% 以上；生活垃圾"三增一减"（干垃圾减少，其他三类垃圾增加）趋于稳定，源头减量率达 3%；上海生活垃圾全量无害化处理，实现了原生生活垃圾"零填埋"。

2020 年 9 月，《深圳市生活垃圾分类管理条例》正式实施。该条例实施以来，深圳四类垃圾回收处置量实现"三增一减"：与实施前相比，可回收物回收量增长 50.3%，有害垃圾回收量增长 49.1%，厨余垃圾回收量增长 200%，其他垃圾处置量下降 7.9%。通过垃圾分类强制实施，全市生活垃圾回收利用率和资源化利用率分别达 48.8% 和 87.7%，位居全国前列。

　　五是农村地区厕所革命成效显著。虽然 20 世纪 80 年代我国就提出了"厕所革命"，几十年来厕所状况不断提升（从"木板式厕所"到"水泥式厕所"到"封闭式厕所"），但真正发生全面的、根本性的变革，厕所变得比较卫生（"水箱式厕所"或"干湿性厕所"）还是发生在党的十八大之后。党的十八大之后，我国农村广泛开展了厕所革命，新式的卫生厕所取代了传统的旱厕。根据农业农村部和国家卫生健康委的数据显示，到 2018 年，我国近一半农户完成了卫生改厕，众多公共厕所也贴上了瓷砖，变得更加干净、宽敞、独立、封闭和方便。根据国家统计局的数据，2021 年，农村居民使用卫生厕所的户比重为 82.6%，比 2013 年提高 47.0 个百分点；乡村居民使用水冲式卫生厕所的户比重为 67.1%，比 2013 年提高 44.9 个百分点；乡村居民使用本户独用厕所的户比重为 96.8%，比 2013 年提高 4.2 个百分点。

———————|第五章|———————

生态经济论：推进经济发展
绿色化与高端化

出于保护绿水青山、创造金山银山的目的，我国推崇经济的健康、可持续发展，而这种健康、可持续的发展与经济的绿色化与高端化是分不开的。我国吸取国际发展经验教训，强调经济的绿色循环低碳发展。为实现经济的绿色循环低碳发展，中央提出要转变经济增长方式和调整经济结构，构建生态经济体系，大力发展绿色科学技术引领经济发展等指示。

在推进经济的绿色化与高端化方面，新发展理念的内容、地位与特质值得探究。发展理念体现了一个国家的发展思路、发展方向和发展着力点，新发展理念的提出对于我国破解发展难题、增强发展动力、增大发展优势起着不容忽视的基础性作用。

第一节　推进经济绿色循环低碳发展

绿色发展、循环发展、低碳发展是当今世界最新的发展方向。"绿色经济"的概念源自英国经济学家皮尔斯在 1989 年出版的《绿色经济蓝皮书》一书，表示一种可承受的、可持续的经济，是充分考虑生态、社会、人类自身等能承受的容量下的可持续发展经济形式。不断发展绿色经济事实上已成为当今发达国家经济发展努力的方向，我国也必须积极参与其中。"循环经济"最早由美国经济学家波尔丁在 1966 年提出，是指建立在资源的高效利用和循环利用基础之上的物质闭路循环经济发展模式。"低碳经济"的概念最早在 2003 年由英国的能源白皮书《我们能源的未来：创建低碳经济》提出，指的是经济发展过程中温室气体排放很少或者零排放的现代经济发展模式。发展低碳经济，积极应对气候变化，是当今各国政府都应树立的目标，作为一个负责任的大国，我国自然也不能例外。

事实上，绿色经济、循环经济、低碳经济从本质上来看都是"绿色"经济，不同之处在于所强调的方面不同：绿色经济强调"经济发展的性质"是绿色的，针对的是发展模式问题；循环经济强调"经济发展的过程"是绿色的，针对的是资源短缺问题；低碳经济强调"经济发展的结果"是绿色的，针对的是气候变化问题。虽然我国政府论及绿色经济、循环经济、低碳经济时分别提出了一些相应的解决对策，但由于它们本质上都是为了经济的绿色化与高端化，我们不妨把其具体举措结合起来进行理解①。

一、转变经济发展方式和推进经济结构调整

发展绿色循环低碳经济，从发展战略上来讲，就是要转变经济发展方式和推进经济结构调整。习近平总书记在 2010 年出席博鳌亚洲论坛开幕式的讲话中一语中的地指出："加快经济发展方式转变和经济结构调整，是积极应对气候变化，实现绿色发展和人口、资源、环境可持续发展的重要前提。"② 转变经济发展方式就是要逐步改变传统的重速度轻质量的发展方式，代之以高效益、高质量、绿色环保的发展方式。要实现这一点，我们要做好关键领域和关键环节的改革，深化经济体制和

---

① 布兰德指出："绿色经济的目标和战略是，发展低碳经济、提高资源利用率、促进绿色投资和技术创新、加强循环利用、提供绿色就业、完善福利制度、消除贫困、促进社会融合等。"参见 [德] 乌尔里希·布兰德，马尔库斯·威森. 资本主义自然的限度——帝国式生活方式的理论阐释及其超越 [M]. 北京：中国环境出版集团，2019：118. 从布兰德对绿色经济的描述中可以看出，其实绿色经济、循环经济和低碳经济密不可分，循环经济和低碳经济的实施是实现绿色经济的一部分。

② 中国政府网. 习近平出席博鳌亚洲论坛开幕式并发表主旨演讲 [EB/OL]. (2010 - 04 - 10). https://www.gov.cn/ldhd/2010 - 04/10/content_1577727.htm.

行政体制改革，推进经济结构转型升级。长期以来，我国的经济发展主要依靠第二产业驱动，而纵观世界主要经济发达国家皆为"三、二、一"的产业结构，因此随着我国经济的不断发展，产业结构升级势在必行。第三产业较之于第二产业利润更高，也更为环保，因此应大力发展第三产业。2013 年我国第三产业增加值首次超过第二产业增加值，产业结构发生根本性变化，但是我国的经济发展方式仍不够绿色，产业结构比例与发达国家相比仍未达到理想状态，因而仍要不断调整经济发展结构、提高发展质量和效益，推动经济更有效率、更有质量、更加公平、更可持续地发展。

转变经济发展方式和推进经济结构调整需要深化供给侧结构性改革。供给侧结构性改革是在新世纪顺应时代变化而做出的经济政策改革，主要是通过调整供给侧的全国经济结构，凭借质量而非数量来赢得发展的制高点。党的十九大报告指出，推进供给侧结构性改革主要做好以下事项：一是加快建设"制造强国"，加快先进制造业发展，把互联网、人工智能、大数据等因素充分融入进来，在绿色低碳、共享经济、高端消费、人力资本服务等领域形成新的动能和新的增长点；二是加快传统产业优化升级，发展现代服务业，力争产品质量和服务质量达到世界领先水平；三是淘汰落后产能，优化存量资源配置，扩大优质增量供给；四是激发更多社会主体参与创新创业，同时建设知识型、技能型、创新型劳动者大军。我国正在采取各种举措，使产业迈向全球产业价值链的中高端水平，实现经济在质量、效益和动力上的变革。

二、构建生态产业发展体系

（一）发展高效生态农业

生态农业是相对于 20 世纪 60 年代的石油农业而言的。石油农业是农业由传统方式向现代模式转化的阶段之一。由于石油农业比起过去的手工农业具有生产效率高和社会化程度高的优势，直到目前它仍然对广大农民或农场主具有很强的吸引力。

作为农业领域的一场革命，生态农业强调运用现代生态学原理和经济学原理来进行农产品的生产、销售与开发，并试图把大农业和第二、第三产业结合起来，因而具有较高的经济和生态效益。我国的高效生态农业发展尚处于起步阶段，然而纵观世界农业发展大势，习近平总书记高瞻远瞩地提出要大力发展高效生态农业，体现了对我国现代农业发展方向把握上的先见性与深刻洞察力。

另外，我国还在大力发展生态海洋农业。为了让人民群众吃上绿色、安全、放心的海产品，我们不仅要发展海洋渔业，更要发展可持续的"生态海洋农业"。2023 年 6 月，农业农村部、工业和信息化部、国家发展改革委、科技部、自然资源部、生态环境部、交通运输部、中国海警局联合印发的《关于加快推进深远海养殖发展的意见》提出："将绿色发展理念贯穿深远海养殖全过程，加强生态环境保护，推进生产和生态协调发展。坚持安全发展。防范化解生产经营安全风险，切实保障人民群众生命财产安全、生物安全和产品质量安全。"

（二）发展绿色工业

工业化是现代化发展不可逾越的阶段。为了经济的绿色化与高端化，即走新型工业化道路，我国提出一系列绿色工业思想。

一方面，走新型工业化道路，发展先进制造业。先进制造业的主体必须是高附加值的产业，其技术工艺、研发能力、管理水平在全国乃至全球名列前茅，产品在国际市场上具有较强的竞争力。在发达国家，科技创新已经成为拉动经济增长的最大动力。我国当前也很重视以科技和管理创新来发展先进的制造业。目前，我国已经是世界上最大的工业国，但如果不发展先进制造业，就不能真正成为"世界工厂"，而只不过是"世界加工厂"。因此，发展先进制造业对我国的工业建设而言至关重要。

另一方面，发展绿色工业需要积极推行清洁生产，大力发展循环经济，提高资源综合利用水平。实现清洁生产和节约发展目标的重要一步是淘汰落后产能。产能过剩会引起资源消耗、恶性竞争、效益下滑、加剧失业等问题，所以为了经济健康持续发展，必须对其进行及早处理。相关数据显示，2014年全国工业产能利用率平均只有78.8%，闲置产能高达21.2%，钢铁、煤炭、石油、有色金属等行业淘汰落后产能的压力很大，电解铝、风机、光伏等行业淘汰落后产能的压力也不小。近年来，我国坚定不移加强高耗能产业能耗管理，各地纷纷主动化解过剩产能，淘汰落后设备，同时大力发展绿色循环低碳产业及先进制造业，更多依靠创新来谋发展。

（三）发展生态服务业

服务业的发展既要不断扩大总量和规模，又要注重优化结构，提高层级，发展高端服务业。我们知道，服务业比工农业更具附加值，并且西方发达国家在资本服务、会计服务、法律服务、信息服务、人力资源、研发技术、评价监督、商品交易与组织经营等高端服务业领域存在优势（毕斗斗，2009），所以我国要推动经济健康可持续发展就要顺应形势，不但要发展服务业还要发展高端服务业、生态服务业。

在发展生态服务业当中，需要特别重视发展生态旅游。旅游业内涵广阔，是一种综合性的经济形态，涉及娱乐、餐饮、交通、文化、工业、农业、商贸、建筑等诸多行业。如何发展旅游业呢？总的原则是，发展旅游业要注重继承和创新，注重弘扬优秀的民族文化和民族精神，要把历史文化和现代文明融入旅游经济发展之中，努力打造旅游精品。关于打造"旅游精品"，习近平总书记曾做过实现方法上的详细阐述："努力建设一批有规模、有品位、有特色，在海内外有较高知名度的旅游景区景点，继续办好一批重大会展节庆活动，扩大国内外的影响。大力开展工业旅游、农业旅游、商务旅游、休闲旅游、名人旅游、红色旅游等一批特色旅游，积极拓展旅游新领域。推出一批附加值高、工艺精致、携带方便、有地方特色的旅游商品，努力为国内外游客提供丰富多彩的旅游新品、名品和精品，不断提高我省旅游知名度，增强旅游市场吸引力。"[1]

---

[1] 习近平. 之江新语 [M]. 杭州：浙江人民出版社，2007：75.

三、利用科技进步推动经济高质量发展

科学技术创新对经济的高质量发展十分重要。它可以提高劳动生产率和产品质量、降低生产成本，因而能够增强产品在市场上的核心竞争力。通过科技引领来达到我国经济增长与环境保护的双赢是顺应历史发展潮流的必然选择。有关数据显示，发达国家科技进步在经济发展中的贡献率一般为70%~80%，而我国即使到了2022年，科技进步对经济的贡献率也才增加到60%左右。因此，推动科技创新及其向生产力的转化对于我国经济发展具有战略性意义。党的十九大报告强调科技创新，并把科技进步与经济发展放到一起进行论述；为了促进科技创新，要加强国家创新体系建设，倡导创新文化，培养造就一批具有国际水平的科技人才和高水平科技创新团队。党的二十大报告更是指出，教育、科技和人才在社会主义现代化建设中的基础性、战略性地位，坚持科技是第一生产力，人才是第一资源，创新是第一动力，深入实施科教兴国战略、人才强国战略和创新驱动发展战略，不断塑造发展新动能新优势。

随着社会经济的发展，我国原来依靠低成本的资源和要素投入形成的驱动优势已经明显减弱，现在应该通过依赖更多更好的科技创新为经济发展注入新的动力。能源安全、粮食安全、生态安全、生物安全和其他各类安全，都需要依靠更多更好的科技创新来解决。科技创新是解决当今我国面临的各种突出问题的重要方法，抓住了科技创新就抓住了牵动我国发展全局的关键。为了推进创新，我国不断加大资金投入，到2014年我国研发投入占经济总量首次超过了2%，2018年研发投入提高到2.18%。按照汇率计算，我国已经成为世界上研发资金投入排名第二大的国家，仅次于美国。2019年，中国发表高质量国际论文59867篇，占世界份额的31.4%，排在世界第二位；排在第一的美国发表论文62717篇，占32.9%。我国申请科技专利数量高居世界首位，并且创新的大量成果已被运用到生产中去。作为世界最大的商品制造国，我国的商品生产已经由"中国制造"向"中国智造"转变。

第二节　以新发展理念引领经济绿色健康发展

2015 年 10 月，党的十八届五中全会在北京召开。会议提出，为实现国家"十三五"规划发展目标，建议使用创新、协调、绿色、开放、共享的新发展理念。习近平总书记在十八届五中全会上所作的《关于〈中共中央关于制定国民经济和社会发展第十三个五年规划的建议〉的说明》中阐述了新发展理念提出的背景、意义及其在"十三五"规划中的地位和作用。2016 年 1 月，习近平总书记在省部级主要领导干部学习贯彻党的十八届五中全会精神专题研讨班上的讲话中，更加详细地阐述了新发展理念提出的背景、意义与作用。

新发展理念从本质上说是可持续的、生态的发展理念。该理念在当前国民经济和社会发展中起着重要作用，引领着我国经济健康、绿色、可持续发展，促使我国社会迈向社会主义生态文明新时代。

一、新发展理念的基本内容与重要地位

（一）新发展理念的内容

传统的发展理念虽然大大地发展了社会生产力，但同时也带来了环境污染、生态破坏、社会贫富差距拉大等一系列问题，而新发展理念批判地继承原来的工业成果，同时又克服传统发展所带来的弊端。党的十八届五中全会提到的新发展理念从内容上来说包括五个方面：创新、协调、绿色、开放、共享。

在新发展理念中，排在第一位的是创新发展。所谓创新发展，是指国家在宏观社会经济管理、经济体制机制、经济发展的动力与空间规划、科学技术研发与战略制定、政府宏观调控等方面推进生产力的改革创新创造。我国的发展依靠科技作为支撑还不够，科技对经济发展的贡献度尚明显低于发达国家的水平，这是我国这个经济大国的软肋。根据

中国长期低碳发展战略与转型路径研究课题组的相关研究，我国科学技术的水平还有待进一步提高，为了实现长远发展战略目标，中国应在当前和今后一个时期，积极鼓励与支持重点产业领域的知识与科技创新，确保在下一次世界技术革命中处于引领地位。

从内容上来说，创新发展的要求就全国层面而言，主要包括以下方面：在培育发展新动力方面，优化经济要素配置，激发创新创业活力，推动新的产业、技术、业态发展，实现新旧发展动力转换；在拓展发展新空间方面，进行区域空间总体规划，协调发展各区域，实施重大公共设施和基础设施工程，拓展海洋经济空间和网络经济空间；在实施创新驱动发展战略方面，重视科技创新，推动政府机关、企事业单位和科研个人的科研制度改革，释放科技生产力，以科技创新谋发展；在推进农业现代化方面，提高农业产品的质量、效益和竞争力，推动农林牧渔结合以及一二三产业融合发展，走高效生态的农业现代化道路；在构建产业新体系方面，支持战略性新兴产业和智能制造发展，并推动服务业优质高效发展。

所谓协调发展，是指坚持区域协同、城乡一体、物质文明与精神文明并重、经济建设与国防建设融合发展。在长期的建设中，我国在区域之间、城乡之间、物质文明与精神文明之间等方面存在着不平衡的问题。应该说，在经济发展落后的特定历史时期，为了加快发展，追求效率优先，区域发展差距较大现象的产生有其必然性与合理性。但是我国改革开放已经多年，发展中的不平衡问题依旧，整体发展就会产生问题，"木桶效应"就会显现，因而强调协调发展正当其时，非常必要。实现协调发展的主要方式是：其一，区域间的协调发展。"协调"发展不等同于发展程度"相同"，协调发展要义是各地都要实现不同程度发展，不能有的地区发展有的地区不发展，或有的地区发展得很快而有的地区发展得过慢。其二，城乡间的协调发展。过去农村的经济建设支持了城市，而现在则是城市支持农村，工业反哺乡村，推进城乡要素平等交换和基本公共服务均等化。城乡都发展非常必要，作为社会主义国家，我们绝不能把城市建设得富丽堂皇像欧洲，农村建设的破败不堪像非洲，否则我们搞的就不是真正的社会主义。其三，推动物质文明和精神文明协调发展。在坚定文化自信和注重社会效益、经济效益统一的基础上，加强文化改革发展，创造大量的优秀文化产品。

所谓绿色发展，是指为人民提供更多的优质生态产品，推动形成绿色的发展方式与生活方式，协同推进人民富裕、国家富强、中国美丽。传统发展不考虑环境成本和地球的承载力，是不可持续的发展；而绿色发展追求健康的、可持续的、生产全过程绿色环保的理念，是满足代际公平的发展。为了绿色发展，我们需要：有序地开发利用自然，优化国土空间布局，划定生态红线，构建科学合理的城市化格局、农业发展格局、自然岸线格局和生态安全格局；需要提升公众生态文明素养，培养公众生态环保意识和节约意识，促进人与自然和谐共生；推动能源革命和新能源开发，实施企业产业循环发展计划，推动经济循环低碳发展；强化约束性指标管理，倡导合理消费，全面节约和高效利用能源资源、水资源和土地资源；实行最严格的环境保护制度，形成政府主导、企业主体和公众参与三方共治的环境治理体系；实施自然生态保护和修复工程，构建生态廊道和生物多样性保护网络，筑牢生态安全屏障。

所谓开放发展，是指通过推进对外开放水平，加强国际、国内各地之间的经贸交流和人文交流，争取形成深层次的互利合作格局。中国的发展处于世界之中，只有用好国内国外两种资源、两种市场，我国的发展才能行深致远。因此，现在的问题不是要不要开放，而是必须要不断地、深入地进行开放，以加强发展的内外联动。开放发展的主要内容或要求是：推进双向开放，促进国内国际的经济要素有序流动，完善对外开放战略布局；营造法治化、国际化、便利化的营商环境，形成对外开放新体制；坚持共商共建共享原则，推进"一带一路"建设；推动国际经济治理体系改革完善，支持贸易自由化，以更加积极的姿态参与全球经济治理。

所谓共享发展，是指保障社会人群基本民生需求，注重社会不同人群的机会公平和获得公平，实现全体人民共同富裕。共享发展解决的是发展中的社会公平正义问题。"治天下也，必先公，公则天下平。"① 无论是社会主义社会还是共产主义社会，追求并实现全民共享是基本特征。只有共享才能让绝大多数人民群众获利，让广大人民群众都获得生存与发展的机会，都能过上幸福安康的生活。因此，共享发展就是要在发展中不断缩小地区之间、城乡之间、行业之间的收入差距，增加公共服务供给，普遍地提高教育质量，推进健康中国建设，实施脱贫攻坚工程，促进就业创业，建立更加公平、可持续的社会保障制度，使社会经济发展成果能让人民群众切实感受得到而不是与己无关。

综上所述，新发展理念的内容非常广泛，而且各部分之间紧密相连，是个有机整体。新发展理念的各个组成部分都是以绿色发展、经济共享为核心；都是期望通过推进体制机制改革来增加经济发展的动力；都是以提升人民群众的获得感、幸福感、满足感为旨归。从具体分工来看，创新发展是动力，协调发展是要求，绿色发展是目标，开放发展是佐助，共享发展是归途，最后实现人民富裕、国家富强、中国美丽。

（二）新发展理念的重要地位与意义

对于一个国家而言，追求什么样的发展理念很重要。执行什么样的发展理念，可以推知国家发展的未来状况，可以说，它在执行国家战略任务过程中起到了定海神针的作用。我国选择了创新、协调、绿色、开放、共享的新发展理念，可以保障国家的长期和谐稳定、可持续发展。习近平总书记指出，新发展理念"是'十三五'乃至更长时期我国发展思路、发展方向、发展着力点的集中体现，也是改革开放 30 多年来我国发展经验的集中体现，反映出我们党对我国发展规律的新认识"。② 党中央研究的"十三五"规划建议对坚持和发展中国特色社会主义，对实现"两个一百年"奋斗目标和中华民族伟大复兴具有十分重要的

---

① ［汉］高诱注，［清］毕沅校. 吕氏春秋 ［M］. 上海：上海古籍出版社，2014：15.
② 中共中央关于制定国民经济和社会发展第十三个五年规划的建议 ［M］. 北京：人民出版社，2015：65 – 66.

意义，而建议稿提出的新发展理念无论是在理论上还是实践举措上都有新的突破，它的提出对于破解在社会发展中遇到的突出难题、增强经济发展的动力、增强我国经济发展的突出优势具有重大指导意义。

二、新发展理念的可持续性、生态性发展本质

新发展理念充分体现了发展的生态性、可持续本质，其中的创新、绿色、协调、共享表现得尤其明显。

创新发展是可持续的、生态性的发展。我们当前所追求的发展是讲求速度和效益的发展。随着社会历史的发展，我国过去的那种高耗能、高污染、低质量、低效益的发展模式已经难以为继，因而发展转型势在必行。而在当前我国的社会经济中，追求创新是第一位的，只有创新才能更好地推动经济健康的、持续的增长。马克思指出，科学技术是推动社会生产力发展的重要因素。邓小平进而指出，科学技术是第一生产力。18 世纪以来，一些国家抓住机遇，努力发展科学技术、进行产业革命，经济社会和军事实力迅速增强，一跃成为世界霸主。在当今世界，国际竞争力的比赛，将越来越多地取决于国家之间在理论、制度、文化、科技上的创新能力。一个国家和民族的创新能力，从根本上影响甚至决定国家和民族的前途命运。西方发达国家经济发展的 70% ~ 80% 是靠创新驱动的，而我国要实现中华民族伟大复兴，使中华民族自豪地屹立于世界民族之林，同时又不破坏生态环境，创新发展是唯一的出路。

生态化技术创新更是体现了可持续发展的性质。可以说，它是我国推进生态文明建设和绿色工业的重要支撑力量。无论是自然资源的低投入与高利用，还是废弃物的低排放与循环使用都无法离开生态化技术创新，例如废矿尾矿等资源，如果没有较高的水平是根本无法开采的；新能源的开发与利用也通常需要较高的科技水平，如使用太阳能、风能等新能源（邓翠华和陈墀成，2015）。

绿色发展体现了发展的可持续性、生态性本质。绿色发展理念中提出的人与自然和谐共生，不仅是一种生态理念，同时也有实实在在的举

措和要求，包括划定农业发展空间、划定生态红线、根据资源环境承载力调节城市规模、设立国家生态文明试验区、发展绿色金融、培育公民生态意识等。绿色发展提出的推动经济低碳循环发展、加快建设主体功能区、全面节约和高效利用资源、加大环境治理力度、筑牢生态安全屏障都是为了保护生态环境而提出的发展策略。

对于发展和生态的可持续性而言，协调发展和共享发展也是很有必要的。解决生态问题，不是不顾及人们的生存，只要把环境搞好就可以，即不能"为了环保而环保"，而是追求人与自然和谐共生，同时推进人与自然获得解放。因而，解决生态问题不能仅将其视为生态治理的问题，而是把它与广泛或普遍存在的社会问题联系起来，把人的发展、和谐社会构建与环境保护统一起来。生态学马克思主义领军人物福斯特就曾在研究美国环境保护运动的经验教训后指出，解决生态问题应该以人为本，尤其是以穷人为本，改善生态环境应该考虑到人的基本生存需要，如就业问题，不然就不能得到人民群众的拥护。因此，新发展理念中的协调发展追求城乡一体、地区协同，共享发展中的缩小贫富差距、精准扶贫、城乡协同发展等内容既是追求社会经济的可持续发展又是保护生态环境的。

新发展理念中的创新发展注重的是解决发展动力问题；协调发展注重的是解决发展不平衡问题；绿色发展注重的是解决人与自然和谐问题；开放发展注重的是解决发展内外联动问题；共享发展注重的是解决社会公平正义问题。可以看到，新发展理念本质上也是追求人的发展与自然的发展、人的解放与自然解放相统一，最后构建一个繁荣的、人民幸福的生态文明社会。

第六章

生态转化论：推动"两座山"
高质量转化

绿水青山就是金山银山，但绿水青山并不会天然变成金山银山，它需要转化。推动"两座山"的转化需要明晰"绿水青山"的多重价值，因地制宜展开工作。就狭义上的"两座山"转化而言（即把绿水青山转化为经济财富），我们需要为转化创造环境，发挥人民群众首创作用，培育生态产业和项目，引进各类经济发展要素。本章第二节将解析绿水青山向金山银山转化的典型城乡范式。

第一节　绿水青山向金山银山的转化

"绿水青山就是金山银山"理念是我国生态文明建设的指导性思想。在理论和实践领域的常见观点是，追求绿水青山向金山银山的转化就是要把生态环境特别是良好的生态环境直接"变现"，而是否能够变现以及变现能力的大小则通常成为衡量该理念践行好坏的标准。我们认为，应该首先肯定绿水青山具有多重价值，然后再考虑其价值实现的问题。

一、绿水青山的四重价值及其实现

2018 年 5 月 18 日，习近平总书记在全国生态环境保护大会上的讲话论述坚持"绿水青山就是金山银山"原则时明确指出，"绿水青山"具有四重价值："绿水青山既是自然财富、生态财富，又是社会财富、经济财富。"① 因而，我们需要明晰和追求绿水青山的多重价值，这是践行"绿水青山就是金山银山"理念的重要思想前提。

绿水青山的第一重价值是自然价值。所谓"价值"即客体相对于主体而言的某种有用性。"自然价值"是作为客体的自然相对于作为主体的人而言的有用性。根据马克思的理解，无论是在理论领域还是实践领域，人都必须依靠自然生活。从理论上来说，动物、植物、石头、空气、光等，既是科学研究的对象，同时也是艺术活动的对象，是人的精神的无机界，是人的精神食粮来源；从实践上来说，人只有依靠自然界所提供的东西才能生活下去，不管这些产品是以燃料、食物、衣着的形式还是以住房或其他的形式表现出来。正是站在这种意义上，马克思将自然界视为"人的无机的身体"。美国学者霍尔姆斯·罗尔斯顿也认为自然具有内在价值，并将其细分为经济价值、生命支撑价值、消遣价值、科学价值、审美价值、生命价值、多样性与统一性价值、稳定性与自发性价值、辩证价值、宗教象征价值等。绿水青山作为良好的生态环境，对于人的生存与发展而言是很大的财富，它涵养和佑护着人类的身心健康与发展未来。可以说，自然价值有多少种，绿水青山就能增值多少种自然财富，绿水青山所具有的自然财富体现了其在价值范畴上的整体性、综合性、统一性。

绿水青山的第二重价值体现为它的生态价值。从生态学的意义上来讲，自然生态环境内的诸要素是一个有机整体，往往一荣俱荣、一损俱损。从山水林田湖草生命共同体中可以看到，"人的命脉"和绿水青山有着密切而不可分的关系。换言之，绿水青山的存在对于自然生命共同体的存在发展极为重要，这就是它的生态价值，这种生态价值直接地影响到了人的生存与发展。从现实的生活领域而言，绿水青山也是人民群众健康的重要保障。因而，我们既要创造更多的物质与精神财富以满足人民群众对美好生活的向往，也要不断解决突出生态环境问题，创美绿水青山，创造更多更优质的生态产品以满足人民群众日益增长的优美生

---

① 习近平. 论坚持人与自然和谐共生［M］. 北京：中央文献出版社，2022：10.

态环境需要。绿水青山之所以是生态财富的一个重要原因，便是它满足了人们对美好生态产品的现实需求。

绿水青山的第三重价值是它的社会价值。绿水青山的社会价值首先表现为良好的生态环境是最普惠的民生产品，它的存在能够体现社会公平与正义。人民群众时时刻刻生活在环境之中，美好的自然生态环境如清新的空气、洁净的水、绿色而充满生机的环境等为广大人民群众所共享，"绿水青山"蕴含着社会价值中的公平性、正义性。其次表现为它能够增强人民群众的幸福感、获得感和满足感，有利于维护社会的和谐稳定。当前的人们已经实现了由"求生存"到"求环保"的转变，人民群众对美好生态环境的要求很迫切，生态环境已成为重大的民生问题。创造宜居、宜业、宜游的美好生态环境和绿色舒适的自然环境，让人们尽享自然与生活之美、工作与闲暇之趣，能够使得人民过得更加幸福，社会也会更加和谐稳定。相反，生态环境恶劣，不仅人们的身体健康得不到满足，还会急躁易怒，容易在社会中做出极端的行为，从而影响社会的正常和谐运行。绿水青山的第三个社会价值是提升人民群众的思想道德素质和文化素养，促进人的解放。良好的生态环境能够涵养公民生态素养，提升人的思想与文明境界。在良好生态环境下，人们更有可能热爱生活，更多地展开休闲、旅游、文化、娱乐等活动，增强对正确幸福观的理解，推进人的现代化与绿色发展。

绿水青山的第四重价值是经济价值。我们知道，保护生态环境就是保护生产力，改善生态环境就是发展生产力。其一，提升产业发展优势。生态产业是产业发展的总体性趋向。在拥有绿水青山之地，适合搞农业的区域可发展具有地方特色的高效生态农业，适合搞工业的区域可发展绿色工业，适合搞服务业的地方可以发展生态旅游、休闲观光、健康养老等生态服务业。这些生态产业或生态产品，投入高、产出效益高，随着社会历史的发展，将在市场中拥有越来越强的竞争优势。其二，提升城市发展综合竞争力。对于一个城市而言，利用环境优势提升城市的发展潜力非常重要。习近平总书记指出："如果其他各方面条件都具备，谁不愿意到绿水青山的地方来投资、来发展、来工作、来生活、来旅游?"① 良好的生态环境能够增强一个地区的综合竞争力，对于地区发展而言非常重要。

需指出，绿水青山具有的四重价值既相互联系又有所区别，是一个有机整体。其中，自然价值是绿水青山所具有的整体性价值，在某种意义上可包含其他价值；生态价值重点强调绿水青山对于自然生态系统的贡献和对人民幸福生活的促进；社会价值强调绿水青山所具有的稳定社会秩序、维护人民健康、提升人的发展所具有的积极意义；经济价值强调的是绿水青山所具有的推动产业发展、增强城市竞争力的价值。绿水青山的四重价值共同服务于人的发展，它追求的是人与自然的和谐共生，它的实现有助于人与自然的双重解放。

绿水青山向金山银山科学转化的前提是充分探究绿水青山的四重价值形式（如前所述，从广义上来说，"金山银山"不能仅理解为经济财富）。推进绿水青山的四重价值实现：首先，要评估当地的四重财富形式。绿水青山价值实现应因地制宜，所谓因地制宜就是要看当地绿水青山的四重形式在专业人士看来应如何开发和利用，并给予建设性意见。其次，在评估绿水青山四重价值基础上，当地政府可根据专家意见和各级政府的政策规划，制定更为具体的可开发的领域和方向。再次，由专门性机构或善于经营的企业对绿水青山所蕴含的财富进行开发。最后，由统计部门和监管部门对绿水青山价值实现状况进行评估，以为下一步发展提供咨询意见。

绿水青山在价值实现的过程中，需要注意以下几个方面。

第一，注意价值实现的整体性。就全国而言，各地的功能区划分国家已有规定，因而追求绿水青山价值实现需与国家宏观战略规划保持一致。从全国而言，要根据各地的主体功能区状况进行经济开发，该开发的开发，该保护的保护，特别是对一些重点的、脆弱的、对全国有重要影响的生态环境区域实行保护第一，重点发挥其自然价值、生态价值和

---

① 中共中央文献研究室. 习近平关于社会主义生态文明建设论述摘编［M］. 北京：中央文献出版社，2017：23.

社会价值。从产业发展而言，这些地区可寻求发展生态旅游、生态农业来致富，当然，如果这些地区连旅游与农业也不宜发展，则应进行政策性的生态补偿，但不能进行不当的或过度的开发，以免造成无法挽回的损失。

第二，注意价值实现的综合性。在价值实现过程中，既要考虑到自然与生态价值实现，也要考虑到社会和经济价值实现。在生态环境脆弱、适宜保护为主的地方，当然应以追求自然与生态价值为主，但这并不意味着只能空守着绿水青山。比如，贵州是喀斯特地貌，很多地方生态环境脆弱，然而绿水青山与金山银山并不矛盾，实现两者转化的关键在人、思路与方法。这就是说，在生态环境脆弱地区既要看到绿水青山在当地价值实现的主要方面是自然价值与生态价值，但不能就此一点，不及其余，还是要兼顾。

第三，注意价值实现的长远性。我国各地的绿水青山价值需统筹考虑，分情况分步骤分阶段渐进式实施，把短期目标与长远战略结合起来，因地制宜，因地施策。

第四，注意价值实现的可行性。虽然皆为绿水青山之地，但各地具体情况可能相异，如地理区位优势可能不同，交通便捷程度可能不同，社会经济发展水平可能不同，人口文化习俗可能不同，因而在追求绿色价值的实现上要注意可行性，量力而行，不提过高要求和难以实现之目标。像浙江湖州、丽水等地的生态产品在转换为经济财富方面确实取得了显著的成效，但要考虑到其与这些城市的地理位置较为优越、交通便利、社会发展程度较高、周边区域经济发达等因素有关。不能盲目把此两地的具体做法照搬到一些地理位置偏远、交通不便之地，否则很可能会弄巧成拙，达不到预期效果。

二、绿水青山转化为经济财富

下面着重分析一下绿水青山如何转化为丰厚经济财富，即狭义层面的绿水青山变为金山银山。

其一，创设良好的自然生态环境与社会氛围。首先，坚持生态优先、绿色发展作为战略优先，着力解决好大气、水、土壤、城乡建设等重点环境工作，让人们在当地看得见蓝天青山绿水以及整洁的城市与乡村环境。其次，依据当地自然生态环境创造一些特色的生态产品，以供人们休闲娱乐。如安吉在"两座山"转化中的一个基本经验就是以项目建设为载体，通过引进一些高端项目如观光旅游项目、世界顶级酒店、影视基地、水上乐园、抽水蓄能电站、物流基地等，提高该县的整体生态环境形象和旅游知名度。最后，建设便利的交通并加大对外宣传。对于重要的生态产业基地，建好良好的水路、陆路、铁路、航空等交通网络，方便更多区域的人们到此地投资和观光旅游。可充分利用新闻、报纸、书籍、广播、电视、微博、直播等各种舆论媒介广泛宣传当地的优美自然风光、良好生态环境、特色生态产品、优秀历史文化、繁荣社会经济，以增强该地的吸引力、影响力。

其二，充分发挥人民群众的首创作用。人民是历史的创造者，无论是在生态文明建设中还是在绿色发展中，人民群众始终都是社会实践活动的主体。良好的生态环境为人民群众所共有，其创建和维护离不开广大的人民群众，"两座山"的转化离不开广大人民群众的参与和创造精神。安吉作为"绿水青山就是金山银山"理念的诞生地和践行样板地、模范生，一个基本的建设经验就是共建共享，即老百姓共同参与生态文明创建，共同享有美好生态环境，共同分享社会经济发展成果，追求全域美丽、全域旅游，追求一二三产融合发展，实行基本公共服务村级全覆盖，这也使它由此成为全国幸福指数最高的县域之一。习近平总书记曾提出："让资源变资产、资金变股金、农民变股东，让绿水青山变金山银山。"① 之所以让农民变股东、资金变股金，其要义就是让农民在"两座山"的转化中能够致富，推动广大农民参与生态文明建设和经济社会建设，发挥人民创造历史的主体作用。

其三，大力培养生态产业和生态产品。生态环境为公共性产品，需

---

① 中共中央文献研究室. 习近平关于社会主义生态文明建设论述摘编［M］. 北京：中央文献出版社，2017：30.

要通过载体转化才能赢得利润。如安吉有白茶、竹制品、美丽乡村旅游等。对于生态产业，特别值得注意的是发展生态旅游。旅游业与娱乐、文化、餐饮、工业、农业、商贸、交通、建筑等产业联系紧密，牵一发而动全身，可谓"兴一业、旺百业"。因此，可充分利用各地的风景名胜、文物古迹、历史文化打造好拳头旅游产品，带动社会经济发展与人民群众致富增收。通过打造知名产业，唤醒沉睡的土地资本，让本为公共性的、人民群众可以免费享用的美丽景色价值附加到具体生态产品之上以实现利润的增殖。这就是说，要把美丽乡村、美丽城镇、美丽乡愁转化为各种货币性收入，如门票收入、销售生态农产品及生态工业制品收入、餐饮住宿收入、休闲娱乐收入等，即实现"卖风景"。

可以充分发挥各地特有的生态资源禀赋和历史文化，创建特色生态产品。生态产品有特色方能长久，方能实现利益的最大化；没有特色的生态产品即使短期盈利较佳，但由于易被他地所模仿，最终仍会盈利困难。浙江省的生态旅游以其优秀自然资源和人文资源为主干，突出"诗画江南，山水浙江"的主题，打造体现浙江文化内涵与人文精神特质的特色旅游精品，打响文化旅游、商贸旅游、休闲旅游、生态旅游和海洋旅游五张品牌。可见，自然资源一旦与一定地域条件、历史文化资源结合起来就会显示独特的经济魅力，并且能使生态产品增添竞争力。因地制宜、体现特色意味着各地要依靠本地生态资源，发展具有差异化的、特色化的生态农业、生态工业、生态旅游产品以满足不同目标群体的人民群众所需。我国地大物博，各地自然禀赋不同，故追求转化务必注意结合本地特有的自然环境状况和具体的历史文化状况，搞出地方特色，形成比较优势，避免千城一面，千村一面，具体生态产品雷同。

其四，通过引进各类经济发展要素增强城市核心竞争力。绿色生态是最大财富，同等条件下人们更倾向于到有绿水青山的地方来投资、休闲和生活。因此，可以充分利用良好的生态环境来招商引资，特别是重点引进绿色产业和高新技术产业，追求产业生态化和生态产业化的统一；可利用良好生态环境大力引进人才、引进技术，以高科技来发展生产并推动生活的科技化、便利化，降低生产生活成本，打造智慧城市；

可利用良好的生态环境大力引进科研机构、高等院校等，使得高端人才能在本地繁衍生息，提高一个城市的人力资源财富，为经济社会发展提供源源不断的智力支持，同时由于增加了人员进入还能促进消费的增长；可以利用良好的生态环境来开发旅游业、休闲养老业、金融业、文化娱乐业等，同时还可通过举办大型商品会展、文体娱乐活动来为地方发展增加人气，带动各类服务业发展，并增强一个城市的国内外知名度；可以利用良好的生态环境申报国家和省市级各类绿色发展项目和其他社会经济项目，以赢得各级政府的政策支持和资金进入，为地区的发展开拓便利性条件。因此，"绿水青山就是金山银山"的要义不能局限于发展某些具体的生态性经济产业，而是要将其与整个地区的产业转型升级、科技文化繁荣、社会和谐稳定、人民安居乐业等结合起来，整体提升一个地区的吸引力、向心力、凝聚力，盘活社会资本、人力资源、土地价值，从多方面推动社会经济的发展，为该地发展带来无尽的显性和隐性经济财富。

第二节　绿水青山向金山银山转化的城乡范式

本节将介绍"两座山"转化的城乡常见范式。其中，城镇有关"绿水青山就是金山银山"理念践行的关键是坚持生态环境保护与绿色发展相统一，乡村重在利用其优美的生态环境和低廉的土地使用成本获得经济发展竞争优势。

一、绿水青山向金山银山转化的三种城镇范式

绿水青山向金山银山转化的城镇范式主要有三种：第一种是把环境保护放在首位，更关心人民群众的民生福祉和绿色产业发展，不是特别关注经济发展速度；第二种是生态经济化与经济生态化并重，既重视保护生态环境，又注重绿色、高质量发展；第三种是把（绿色）经济发展放在第一位，同时注意做好产业的转型升级和环境保护，以获得经济

发展和环境保护的双赢。

第一种城镇"两座山"转化的代表是"丽水范式"，特点是生态保护优先。丽水市陆地面积 1.73 万平方公里，九山半水半分田，素有"浙江绿谷"之称。2013 年 11 月，浙江省委省政府对丽水作出"不考核 GDP 和工业总产值"的决定，要求丽水更加注重绿色均衡发展，进一步提升生态质量。经过全市大讨论，丽水最终形成共识，明确了走绿色生态发展之路，并列出"生态工业负面清单"。全市九个区，按照不同的资源禀赋分成"城市核心区、生态经济区和生态保护区"，围绕绿色发展设置不同的考核指标。2023 年，生态环境部发布上半年全国地表水和空气质量状况，丽水成为全国唯一水和空气质量均进入前 10 名的城市。自 2019 年确定为生态产品价值实现机制试点市以来，丽水以生态系统生产总值（GEP）核算为切入点，建构了系列生态产品价值核算体系。为了使 GEP 核算结果具有可比性，该市制定出台了全国首个山区市生态产品价值核算技术办法，编制发布了全国首份《生态产品价值核算指南》地方标准（DB3311/T 139—2020），明确界定了生态产品的内涵、特征、价值构成和判断标准，明晰了生态产品价值核算的基本原则、核算方法、核算数据、核算报告编制和核算结果应用范围，为生态产品价值核算提供了理论指导和实践指南（高世楫和俞敏，2021）。"丽水范式"的形成原因是当地生态环境优良，土地资源稀缺，且对于省级政府而言其生态保护价值巨大同时又不适合大规模开发，综合考虑比较适合"生态优先"发展，反之则会得不偿失。

第二种城镇"两座山"转化的代表是"湖州范式"，这种范式特点是生态保护、经济开发并重。湖州市陆地面积 5820 平方公里，五山一水四分田，地处长三角核心区域，发展条件得天独厚，既是生态环境保护的重要城市，又是适合经济高质量、跨越式发展的城市。湖州获得的国家级荣誉称号，代表性的有：中国优秀旅游城市、中国魅力城市、国家园林城市、国家环保模范城市、国家现代林业建设示范市、全国生态文明建设试点市、国家森林城市、全国首批水生态文明城市建设试点、国家历史文明名城、全国生态文明先行示范区、中国幸福城市、全国城市综合实力百强市、国家生态市、国家生态文明建设示范市、全国文明城市等。湖州的发展目标是建设"长三角地区重要的区域中心城市，国家历史文化名城，生态文明典范城市"。"湖州范式"的产生原因是其毗邻太湖，西靠天目山，苕溪自南而北穿市区而过，市内湖泊纵横，自然风光优美，在其山区或山地较多地区适合保护优先；而在湖州东部的水乡平原地区，交通便利，城乡经济发达，适合高质量发展。

第三种城镇"两座山"转化的代表是"鄞州范式"。鄞州区隶属于浙江省宁波市，是市政府所在地，陆地面积 814 平方公里。根据鄞州区官方网站公布的数据，2023 年末常住人口 169 万人，城镇化率 84%；2023 年全区生产总值 2803 亿元，其中，第一产业增加值 31 亿元；第二产业增加值 790 亿元；第三产业增加值 1982 亿元。鄞州区的主要产业有金融、保险、旅游、贸易、房地产业、建筑业以及通用设备制造业、橡胶和塑料制品业、非金属矿物制品业等工业。鄞州区作为宁波市主城区，大力发展第三产业，关于第二产业则主要发展对生态环境影响较小的工业，同时重视发展高新技术产业、环保制造业、新材料制造业、高端装备制造业和战略性新兴产业等，最终获得了经济发展和环境保护的双赢。鄞州区获得的主要荣誉有全国医养结合示范县（2024）、全国自然资源节约集约示范县（2023）、国家产融合作试点城市（2020）、全国农村创新创业典型县（2019）等。"鄞州模式"适用于地理位置优越，交通便利，工农业基础较好，已完成资本原始积累，拥有丰富人才资源，试图走既能实现高质量发展又能保护好生态环境之路的城镇地区。

二、绿水青山向金山银山转化的四种乡村范式

（一）生态农业型

绿水青山向金山银山转化的一个典型范式是发展高效生态农业，通过种养附加值较高的生态农产品，如种植茶叶、中草药，喂养有机家禽、特色牛羊猪、特色水产品等，助力农民脱贫致富（见图 6-1）。

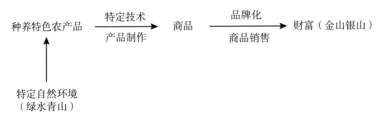

图 6-1 "两座山"转化之生态农业型

"两座山"转化之生态农业型往往具有以下特点：一是具有地方特色。只有具有地域特色的生态农业才不易被他地模仿，从而获得长期的、较高的经济效益。以茶叶的生产为例，安吉白茶、武夷山岩茶、杭州龙井、云南普洱，这些农产品的生产往往需要特定的地质条件、气候条件，离开了这些茶叶的核心产区其品质会大打折扣。二是具有一定规模、一定技术。如果只是个别农户生产某一种特色农产品并取得了较好经济效益，当然也可以说是实现"两座山"转化，但这并非我们的本意：我们希望生产成规模并使多数人获益。如果生产成规模，也会形成一种社会效应，产生一种巨大的、具有宣传效应的口碑，更容易让集体或个人受益。在生产一定的特色农产品过程中，通常会产生特定的生产工艺，要掌握这样的生产工艺需要较长的时间。例如，武夷岩茶的生产需要经过采摘→萎凋（二晒二晾）→做青（摇青与做手）→炒青与揉捻（初炒—初揉—复炒—复揉）→初焙（毛火）→扬簸→晾索→拣剔→复焙（足火）→团包→补火→毛茶装箱等工序。三是一产接二连三。只有三产融合才能取得最大的经济效益，如果只是局限在农产品的生产环节，则收益较少，特别是在丰产时节有可能会被下游负责收购的商家压价。无论是安吉茶农还是武夷山茶农，他们为了追求最大效益往往成立企业、公司或商店，建立属于自己的品牌，产销一体化，即茶叶的生产（包括种植、采摘、制作）和销售都由农户组织完成。

（二）生态工业型

何谓"两座山"转化的生态工业型呢？可以有两种解释。从狭义来看，把生态产品进行深加工，形成工业制品；从广义来看，这种工业的科技含量高，产品效益好，对自然环境比较友好。前者如安吉将竹子榨干吃尽，挖掘出上千种商品，商品远销全国乃至全球各地；后者如长兴天能集团生产的蓄电池产品节能环保，经济效益好。

"两座山"转化之生态工业型往往具有以下特点：一是依靠当地丰富的自然资源作为生产原料发展工业；二是这种工业技术含量高，社会效益好，对自然环境影响小；三是通过发展工业使本地富起来之后，进而工业反哺农村，带动村庄环境美化。也就是说，通过村企共建让农村美起来、农民富起来（见图 6-2）。

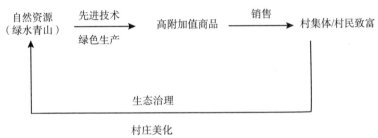

图 6-2 "两座山"转化之生态工业型

（三）生态旅游型

生态旅游是"两座山"转化的典型范式。其做法是把本可免费享用的自然生态环境通过创造（生态）商品提供给市场以获利，常见的如在有绿水青山的乡村办民宿、开农家乐、体验农业活动、提供垂钓服务、搞漂流、举办音乐会、提供婚庆服务、提供休闲养生服务等。

"两座山"转化之生态旅游型的要求是：一是要能提供优质的服务，如开民宿需要环境优美、洁净、卫生，民宿内部休闲娱乐设施齐全，服务态度和蔼可亲，有宾至如归之感。二是需要重视宣传推广工作。很多民宿的地理位置偏僻，需要在网络上开展一定的推广工作。对于生态旅游来说，群众的口碑非常重要，口口相传的力量是很强大的。

三是具有一定的交通条件。如果生态旅游目的地位置偏僻且交通不便，则会大大影响"两座山"转化的效果；相反，提供便利的交通条件，才会方便人们到此休闲旅游。

值得注意的是，现在一些具有历史文化特色的地区越来越受到人们的青睐。若很多生态旅游地区周边有历史文化古迹、红色文化遗址，则会极大增强生态旅游的吸引力。同等条件下人们更倾向于去有历史文化资源的村庄观光旅游，如长兴仰峰村有新四军苏浙军区旧址，安吉高山村有红军亭、红军路、红军田、红军桥、红军洞等红色资源，吴兴潞村有4座千年古桥、吴兴县农民协会遗址、钱山漾"世界丝绸之源"遗址，这些地区如果发展乡村旅游则有更多竞争优势。

（四）政策扶持型

"两座山"转化之政策扶持型是指政府对某些乡村给予一定的帮扶政策，使之不断富起来、美起来。这有两种情形：一是政府对乡村建设中有一定基础、特色的乡村进行重点帮扶，使之成为乡村振兴的模范或样板。由于这些乡村本身就有可塑性，政府在扶持时就会省时省力，效果也会比较显著。二是政府对某些（个）地理位置偏僻、经济发展落后又无明显特色的乡村进行帮扶，使之富起来、美起来。"政策扶持型"是"两座山"转化的典型范式，它体现了党和政府对乡村工作的重视、对村民的关心及坚定做好乡村振兴的决心。

"两座山"转化之政策扶持型的特点：一是帮扶数量少，效果显著。把一个乡村建设成富美乡村需要巨量资金的投入（数千万元），这单靠村集体自身投入就会比较困难，地方政府适当帮扶一下效果就会明显不同。由于这种帮扶的乡村数量少，投入大，效果就比较明显。二是某城市或某县区只有少量乡村建设得特别好，开展生态旅游时比较容易实现盈利，竞争压力也会比较小。三是简便易行，政策灵活，可伸缩性大。地方扶持一个乡村实现"绿水青山"和"金山银山"的双赢与扶持十个、百个乡村的难度差距之大可想而知。当一个乡村实现富美之后，可以根据地方财力如法炮制，适度扩展，这样对于地方探索"两座山"转化是现实的、可行的。如果地方政府短时间内扶持太多乡村追求"两座山"转化，一是资金投入压力过大，二是不易形成特色，三是未来具有太多不确定性，四是后续扶持资金很难持续跟上，容易遭致失败。

第七章

"绿水青山就是金山银山"理念
践行的浙江经验

浙江是我国东部沿海经济发达省份，在发展中较早地遭遇了"增长的烦恼"。浙江经济是"老百姓经济"，改革开放之后的很长一段时期为了摆脱贫困，村村点火，家家冒烟，这让人民群众富了起来，同时也导致了生态环境的破坏。2000 年前后，浙江的水域、大气污染十分严重，城乡生态环境较差，因而促进经济绿色转型势在必行。在这种背景下，"绿水青山就是金山银山"等相关发展理念应运而生，推动浙江经济不断转型升级，生态环境治理不断加强，最终促成了既要绿水青山又要金山银山的发展之路，形成了关于绿色高质量发展的系列经验和典型样本。

第一节 "绿水青山就是金山银山"在浙江的践行历程

"绿水青山就是金山银山"在浙江经历了从提出到形成县域践行经验再到建设全域大花园的发展历程。

一、从发展转型到"绿水青山就是金山银山"理念的提出

改革开放以来，为了更好地脱贫致富，浙江许多地区包括西部山区大力发展工业，但在经济获得快速发展的同时生态环境遭到一定程度的破坏。以浙江安吉为例，20 世纪 80 年代，安吉为摘掉"贫困县"的帽子而走上"工业强县"之路，造纸、化工、建材、印染等行业相继崛

起，当地的水域环境遭到严重破坏。1998 年，在整治太湖蓝藻的"零点行动"中，国务院对安吉发出黄牌警告，将其列为太湖水污染治理重点区域。痛定思痛，安吉在 2001 年确立"生态立县"发展战略，大量关闭并停止引进污染性产业，不断探索以最小的资源环境代价谋求经济、社会最大限度的发展。

在浙江工作期间，习近平同志在广泛深入调研基础上，就浙江生态环境治理、经济绿色转型升级、城乡环境整治提出了一系列具有创新性的观念，这些观念后来被确立为浙江省党委政府决策并被加以贯彻实施。以"千村示范、万村整治"工程为例，2003 年，时任浙江省委书记的习近平同志立足浙江省情农情和发展阶段特征制定"八八战略"①，提出推进生态省和绿色浙江建设，部署"千村示范、万村整治"工程（以下简称"千万工程"）。2003 年 6 月，"千万工程"在全省范围内正式启动，针对浙江经济发展较好但绝大多数村庄环境"脏乱差"的状况，依据计划，对全省一万个左右的行政村进行全面整治，并将其中大约一千个行政村建成全面小康示范村。"千万工程"着重从治理村庄布局杂、乱、散，农村环境脏、乱、差等问题入手，按照布局优化、道路硬化、四旁绿化、路灯亮化、河道净化、环境美化的要求，不断增加投入，积极开展建设。通过理论研究和实地调研发现，"千万工程"深刻改变了浙江农村的面貌，指引浙江乡村发生精彩蝶变。正是通过乡村环境整治，浙江生态环境得以大幅度改善，这为乡村生态产业发展奠定了

---

① "八八战略"是浙江面向未来发展的八项举措，即进一步发挥八个方面的优势、推进八个方面的举措。其具体内容为：一是进一步发挥浙江的体制机制优势，大力推动以公有制为主体的多种所有制经济共同发展，不断完善社会主义市场经济体制。二是进一步发挥浙江的区位优势，主动接轨上海、积极参与长江三角洲地区合作与交流，不断提高对内对外开放水平。三是进一步发挥浙江的块状特色产业优势，加快先进制造业基地建设，走新型工业化道路。四是进一步发挥浙江的城乡协调发展优势，加快推进城乡一体化。五是进一步发挥浙江的生态优势，创建生态省，打造"绿色浙江"。六是进一步发挥浙江的山海资源优势，大力发展海洋经济，推动欠发达地区跨越式发展，努力使海洋经济和欠发达地区的发展成为浙江经济新的增长点。七是进一步发挥浙江的环境优势，积极推进以"五大百亿"工程为主要内容的重点建设，切实加强法治建设、信用建设和机关效能建设。八是进一步发挥浙江的人文优势，积极推进科教兴省、人才强省，加快建设文化大省。"八八战略"充分体现了走新型工业化道路、打造"绿色浙江"、推进共同富裕的发展思路。

良好基础。

为建设绿色浙江、生态浙江，浙江对大量低小散企业进行整治，促进产业转型升级。在整治过程中，由于保留了少量规模大、创新能力强、管理运营好的企业，因而在改善生态环境的同时实现了社会经济效益的提升。2002年长兴蓄电池企业产值2.9亿元，占据了国内市场的65%，但高速的产业增长造成了严重的环境污染，企业年排放的铅污染物高达10余吨。通过产业整治，原有175家铅蓄电池企业减少到61家，蓄电池企业的技术装备由原来的手工操作转向机械设备，全部配备治污装备，基础好的企业实现清洁生产。到2006年，全县蓄电池行业总产值达到44.9亿元，贡献税收1.32亿元。①

2005年8月15日，习近平同志来到安吉余村调研，首次提出"绿水青山就是金山银山"的重要论述。余村原为安吉县首富村，然而矿山经济在带来经济财富的同时也造成了严重的环境污染，极大威胁着村民的身体健康。于是，余村决定关停矿山和水泥厂，探索绿色发展新模式，但转型也引发村民就业难和村集体年收入下降的阵痛。面对余村未来该如何发展的疑虑，习近平同志表示："一定不要说再想着走老路，还是迷恋着过去的那种发展模式。所以刚才你们讲了下决心停掉一些矿山，这个都是高明之举。绿水青山就是金山银山。我们过去讲既要绿水青山，又要金山银山，实际上绿水青山就是金山银山。"② 习近平同志关于"绿水青山就是金山银山"的论断，很好地概括、揭示了生态产品价值实现的意义，对安吉全县不断追求生态产品价值实现具有深远的影响。

二、从绿色发展到"绿水青山就是金山银山"理念践行的县域经验

在这一时期，"八八战略""千万工程""绿水青山就是金山银山""腾笼换鸟"以及着力发展服务业等促进经济社会转型发展、推动绿色

---

① 中国电池产业之都：长兴县电池产业从"瘦身"到"优强"[N]. 湖州日报, 2021-08-30 (5).

② 中共中央党校采访实录编辑室. 习近平在浙江（上）[M]. 北京：中共中央党校出版社, 2021：264.

价值实现的理念与战略，在全省各地被持续贯彻实施。2008 年 1 月，中共安吉县委十二届三次全体（扩大）会议召开，结合县情提出了建设"中国美丽乡村"的战略任务。[①] 同年 2 月，安吉县委、县政府批准并印发了《建设中国美丽乡村行动纲要》，邀请浙江大学高标准编制《中国美丽乡村总体规划》，按照"全县一盘棋"的总体思路，构建美丽乡村建设"一体两翼两环四带"总体格局。[②] 同年 5 月，安吉被列为全国首批生态文明建设试点县后，开始整体推进生态文明试点建设，把整个县域的行政村作为一盘棋来统一规划，按照宜工则工、宜农则农、宜游则游、宜居则居、宜文则文的原则，充分挖掘生态、区位、资源、文化等优势，为各个村庄设计"一村一品、一村一业"的发展方案，着力培育特色经济。[③] 在这一时期，长兴蓄电池产业继续整治，通过兼并、重组，蓄电池生产企业减少到 30 家，并且全部集中到城南、郎山两个工业园区，园区外禁止新批新建铅蓄电池项目。在整治促动下，长兴蓄电池企业生产智能化、绿色化水平不断提高。[④]

党的十八大以来，党中央加强了对生态文明建设的领导，并把生态文明建设摆在全局工作的突出位置。生态文明建设被纳入社会主义现代化建设"五位一体"总体布局之中，"绿水青山就是金山银山"重要理念在全国范围内得到宣传推广，而浙江也在生态文明建设、绿色发展、壮大生态经济领域取得了长足的进展。

浙江全面贯彻"绿水青山就是金山银山""八八战略""生态省建设""四换三名"[⑤]"811"环境整治行动等战略举措，生态产品价值实

---

① 常欢，程国．县委十二届三次全体（扩大）会议召开［N］．今日安吉，2008 - 01 - 07（1）.

② 丁峰．大美乡村，从这里走出去［N］．安吉新闻，2019 - 05 - 10（1）.

③ 沈晶晶，彭驿涵，邱晔．"山美　水好　业兴——安吉深化美丽乡村建设纪事［N］．浙江日报，2018 - 06 - 08（1）.

④ 中国电池产业之都：长兴县电池产业从"瘦身"到"优强"［N］．湖州日报，2021 - 08 - 30（5）.

⑤ "四换三名"是浙江为了推动产业转型升级而提出的一项政策。所谓"四换"是指腾笼换鸟、机器换人、空间换地、电商换市；"三名"是指大力培育名企、名品、名家。

现进一步深入推进。2014 年下半年，安吉县档案馆保存的习近平同志调研余村时发表的"绿水青山就是金山银山"讲话视频得以发现，并受到县、市和省级层面的高度重视。之后，省市县各部门大力宣传余村这一"绿水青山就是金山银山"重要论断诞生地的典型案例，并邀请包括中央级主流媒体在内的新闻媒体对其进行广泛报道。2015 年 8 月15 日，浙江省委宣传部组织召开"绿水青山就是金山银山"理念提出十周年纪念会议，来自国内的知名专家学者、"绿水青山就是金山银山"践行样板县区宣传部代表齐聚安吉，从各自研究或实践领域对"绿水青山就是金山银山"理念的理论意涵、政策指向、典型案例、基本经验与范式、理论与实践意义等进行深入解读和分析。浙江一些样板县的践行探索也积累了不少成功经验，形成了典型案例（具体见表 7 - 1）。

表 7 - 1　　　浙江生态产品价值实现的典型县区情况（2015 年）

序列	县区	主要发展思路与目标	代表性生态产业
1	桐庐	按照"美丽中国、桐庐先行"的总体要求，打造以"生态美、城乡美、产业美、人文美、生活美"为内涵的中国最美县	节能环保、民宿经济、休闲旅游、现代农业、健康养老、生态人居、总部经济
2	嘉善	坚持把生态文明建设作为推动县域科学发展的重要抓手，积极打造符合平原地区实际的生态文明建设样本	生态循环农业、生态旅游业、太阳能光伏、木业家具
3	安吉	坚持生态立县发展战略，建设"中国美丽乡村"，全县景区化	竹产业、白茶产业、转椅产业、休闲旅游
4	新昌	坚持生态立县战略，打造现代产业之城、山水品质之城、生态休闲之城，推进产业高端化、城市品质化、区域协调化、社会和谐化	文旅产业、有机茶产业、生物医药
5	鄞州	建设"绿色鄞州""森林鄞州"，推动经济发展与生态建设同步跟进，新型城市化与"美丽鄞州"比翼齐飞，走出一条生态经济化的发展之路	生态循环农业、环保科技、生物医药、文旅产业

序列	县区	主要发展思路与目标	代表性生态产业
6	定海	结合海岛特色，注重经济、生态、文化的有机融合，重点从打造海洋产业岛、国际休闲岛、海上花园城着手，助力美丽海岛资源转化为美丽经济，打造群岛新区美丽定海	港航物流业、绿色船舶业、粮油产业、水产品、乡村文化游、古城游、海岛休闲游
7	永嘉	坚持生态立县，以"五水共治"、建设美丽浙南水乡为主抓手，走绿色发展、生态富民、科学跨越的新路子	民宿、农家乐、古村游、风俗游
8	仙居	实施生态立县、工业强县、特色名县、跨越兴县四大发展战略，坚定走好国际化、高端化、品牌化、集团化、信息化"五化同步"之路，努力打造壮美神仙居、柔美永安溪、秀美田园、和美乡村、醉美新城区、善美仙居人"六张名片"，建设现代化中国山水画城市	工艺美术品、以杨梅产业为代表的绿色农业、农旅文化产业、旅游休闲度假产业
9	浦江	以"治水"为突破口，持续推动经济转型升级、基层治理方式创新，走出一条既要绿水青山又要金山银山的新型发展和治理之路	观光农业、采摘农业、民宿、水晶产业
10	遂昌	坚定实施"生态立县"战略，发展美丽经济，探索农村电子商务、乡村休闲旅游、原生态精品农业、乡村生态环保等系列遂昌模式	茶叶、毛竹、山地生态蔬菜产业、生态林业、土鸡土猪养殖、特种纸业、景区旅游、乡村旅游
11	开化	探索推进国家公园建设，以经济生态化、生态经济化为导向，以全域景区化、景区公园化为主线，打造文旅融合发展先行区、绿色产业转型发展先行区、生态文明制度建设先行区	山区特色农业产业、花卉苗木产业、民宿经济、以"亲水经济"为代表的文旅产业

资料来源：中共浙江省委宣传部."绿水青山就是金山银山"理论研究与实践探索［M］. 杭州：浙江人民出版社，2015：239－343.

三、从打造全域"大花园"到习近平总书记再访余村

随着"必须树立和践行绿水青山就是金山银山的理念"被写入党

的十九大报告、坚持新发展理念被确立为经济发展的指导原则，浙江在
生态文明建设、绿色发展、生态产品价值实现方面取得了诸多新进展。
在这一时期，浙江继续深入贯彻"八八战略""绿水青山就是金山银
山""生态省建设""四换三名""811"环境整治行动等战略部署，努
力把浙江全域打造成为人与自然和谐共生的"大花园"。

2018～2019 年，"千万工程""蚂蚁森林"项目先后获得联合国最
高环保荣誉"地球卫士奖"。2019 年，浙江通过国家生态省建设试点验
收，建成全国首个生态省；并且经国内外权威智库的总结评估和高层次
专家论证，浙江达到国内生态文明建设和国际可持续发展的先进水
平。① 近年来，淳安特别生态功能区（国家级）成功获批，安吉成为县
域践行"绿水青山就是金山银山"理念综合改革创新试验区，丽水成
为国家生态产品价值实现机制试点市。② 生态环境改善的同时，浙江经
济的各项指标依然位列全国前列。2020 年，浙江生产总值 64613 亿元，
位居全国第 4；居民人均可支配收入 52397 元，位居省级行政区第 3
（仅次于上海、北京）。

从生态产品价值实现的角度来看，浙江已经在生态农业、生态工
业、生态旅游、生态补偿机制建设等方面取得积极进展，积累了一些重
要经验。以生态补偿机制为例，2018 年安吉与长兴签订了西苕溪流域
生态补偿协议，双方约定以荆湾断面水质作为考核标准，此后荆湾出境
断面水质持续稳定在 II 类水以上；2020 年，安吉出台《安吉县人民政
府关于印发安吉县流域上下游乡镇（街道）生态补偿机制的实施意
见》，初步建成县域纵向和横向生态补偿机制。③ 2020 年，浙江对重要
湿地开展生态补偿，按照浙江省林业局、省财政厅联合制定的《浙江省

---

① 2019 年浙江省生态环境状况公报 [EB/OL]. (2020 – 06 – 04). https://zjjcmspub-
lic. oss-cn-hangzhou-zwynet-d01 – a. internet. cloud. zj. gov. cn/jcms_files/jcms1/web1756/site/attach/
0/4aebea2201394508bed36918a4478739. pdf.
② 2020 年浙江省生态环境状况公报 [EB/OL]. (2021 – 06 – 03). http: //sthjt. zj. gov. cn/
art/2021/6/3/art_1201912_58928030. html.
③ 李颖, 张蕊, 周丽珠, 等. 浙江安吉：绿水青山就是金山银山 [J]. 中国财政, 2021
(2).

重要湿地生态保护绩效评价办法（试行）》，绩效达到 80 分以上，并且没有发生保护不力或违规事件，浙江省重要湿地所在县（市、区）政府可获得每亩 30 元的补偿资金。这是继安徽与浙江开展新安江流域生态补偿之后，在浙江省域内开展的重要生态补偿机制构建尝试，在我国该议题或领域的探索中处于领先地位。在引入绿色金融工具手段方面，浙江着力于探索对生态产品价值实现提供金融服务与保障。安吉鼓励引导金融机构推出"两山"系列贷、"白茶贷"等绿色金融产品和融资渠道；首创的"毛竹收购价格指数保险"与"白茶低温气象指数保险"，成功入围国家试点；率先开展"两山银行"试点建设，通过"两山银行"的收储与运营，高质量地把碎片化的自然生态资源转化成为生态农业、生态旅游、健康养生、文化创意、总部经济等生态产品。①

2020 年 3 月，习近平同志再次来到安吉余村考察，肯定了坚持走绿色发展道路的正确性，并指出"生态本身就是经济"。春林山庄是余村关停矿山、走绿色发展之路之后创办的第一家民宿。在春林山庄小院里，习近平指出，"绿水青山就是金山银山"理念已经成为全党全社会的共识和行动，成为新发展理念的重要组成部分。实践证明，经济发展不能以破坏生态为代价，生态本身就是经济，保护生态就是保护生产力。② 习近平的论述肯定了浙江发展的路子是正确的，指出了"绿水青山就是金山银山"的特质，有利于进一步推动浙江的绿色发展与生态文明建设，使浙江建设得更加美丽、富饶。

第二节 "绿水青山就是金山银山"理念践行的浙江经验

"绿水青山就是金山银山"不仅诞生于浙江，而且在浙江得到

---

① 李颖，张蕊，周丽珠，等. 浙江安吉：绿水青山就是金山银山 [J]. 中国财政，2021（2）.
② 中共湖州市委党史研究室. 湖州市"两山"实践文献选编 [M]. 杭州：浙江人民出版社，2020：7.

了率先的、高质量的践行，取得了良好的效果，形成了"绿水青山就是金山银山"践行的"浙江经验"。这些经验主要有：坚持党在生态文明建设中的统一领导；坚持绿色发展与生态文明建设的统一；坚持绿色价值实现与共同富裕的统一；坚持因地制宜，步步为营，久久为功。

一、坚持党在生态文明建设中的统一领导

浙江省在"绿水青山就是金山银山"理念践行中坚持党的领导。在我国党是领导一切的，生态文明建设和绿色发展领域也不例外。从目的论或实践论来说，中国共产党的领导能够使我国在发展中坚持社会主义道路，坚持共同富裕，坚持发展为了人民，发展依靠人民，发展成果实现人民共享。从社会发展的角色定位来说，党委负责战略统筹，制定方针，战略方针定好后交由政府执行，所以我国社会向哪里发展、如何发展，党的作用至关重要。浙江省在社会发展中坚持党的领导，充分发挥党的战略统筹作用。例如，浙江省委在第十一届四次全体（扩大）会议上提出了"八八战略"（2003 年），浙江省第十四次党代会提出谋划实施"大花园"建设行动纲要（2017 年）等战略部署，极大推动了生态文明建设、绿色发展、绿色浙江建设以及"绿水青山就是金山银山"在浙江的深入践行。

在基层自治组织，党组织对于村庄绿色发展的作用也非常重要。如果仅依靠个人的力量，比如说依靠个人的聪明才智、勤劳肯干、善于经营等完全有可能让个人发家致富，但是要让全村人都发家致富，村党委的引领不可或缺。村党委能够调动各方资源，群策群力，用团队力量去解决生态文明建设与绿色发展中遇到的各种难题，并能够统筹各方利益，平衡各种关系，解决好各种矛盾，全村人心一处使，共同建设美丽的、共同富裕的和谐村庄。

二、坚持绿色发展与生态文明建设相统一

由于可供开发的区域有限,浙江工业通常呈现为块状形态,即某些产业领域在全国拥有非常高的市场占有率,竞争力极强,比如长兴的蓄电池产业、浦江的水晶产业、吴兴的童装产业、德清的钢琴制造业、东阳的木雕产业等。总体而言,浙江的块状经济呈现产业集中、专业化极强等特征,同时又具有明显地方特色的区域性。在可持续发展目标的要求下,浙江工业产业转型升级尤其体现在控制数量、提高质量和效益上。关停大量规模小、环境污染严重、市场竞争力弱的众多低小散企业,向"规上工业"要效益,可以更好实现生态环境保护与经济发展的双赢。① 以浦江水晶产业整顿为例,水晶产业是浦江县的传统特色产业,从事企业多、规模小、分布散、污染重。浦江水晶产业整顿的做法,是以治水为突破口推动产业转型升级,最大限度赢取广大人民群众的理解支持。总之,把生态环境治理与绿色发展、生态产品价值实现战略举措有机结合,是浙江在推动绿色发展、推进生态产品价值实现过程中获得的重要经验。

推动生态产品价值实现与大力发展工业并不矛盾。我们知道,生态环境破坏通常是由工业生产及其排放导致的,那么在推动社会主义生态文明建设中为了保护生态环境是否可以在一定程度上摒弃工业,而只发展"生态产业"?答案是否定的。一个省域单位如果没有获得中央政府政策与财政的充足支持,只去追求发展无污染或接近零污染的产业来实现经济富裕,既不是现实选择,也不符合增加人民群众就业机会或提高工资收入的需要——至少从社会主义初级阶段来看即是如此。工业尤其是规上工业能够大力推动生产力发展,创造大量物质财富,解决大量就业问题,提供大量政府税收。在现实实践中,浙江各地并未简

① 规模以上工业具有更强的组织管理与绿色科技研发能力,因而更容易满足国家和地方的环保标准。即使单纯从行政监管的角度来说,监管1家大企业的环保达标也远比监管100家小企业的环保达标要容易得多。

单地、一刀切式地关闭那些支柱性传统产业或带有少量污染的工业，而是以满足人民日益增长的优美生态环境需要为根本目的，以改善生态环境质量为核心，以创新绿色低碳为动力，全面加强生态环境保护与建设，将环境整治、产业转型升级和企业厂区集中式生产与管理统一起来。浙江的实践证明，在生态环境影响可控的范围内，在各级政府必要的激励与惩罚政策下，逐步提高工业产业的质量与效益，对于保持促进地区的长期繁荣发展，既是可能的，也是必须的。浙江的绿色发展或产业转型升级并未否定长期以来的"无工不富"的发展逻辑或思维，而只是在新型工业化目标要求下去追求经济增长与环境保护的双赢。

实现经济的高质量发展符合人民群众的根本利益，它与"绿水青山就是金山银山"理念本质趋同。在推动区域生态产品价值实现的过程中，需要厘清以下几点：一是追求区域生态产品价值实现绝不应成为单一的、孤立的政策，它理应或必然是与创新、协调、绿色、开放、共享的新发展理念相统一。也就是说，推动"绿水青山就是金山银山"理念的践行与贯彻新发展理念的践行在逻辑上是同步进行的。简而言之，应在推动产业发展的同时实现产业绿色化、生态化，在保护生态环境的同时立足生态资源禀赋，让生态孵化产业、产生经济价值，即推动"产业生态化，生态产业化"。二是追求经济的高质量发展必须要大力发展现代工业。不要因保护生态环境而对发展工业心存疑虑、畏手畏脚，问题的根本不在于是否发展工业，而在于发展什么样的工业以及如何发展工业。对于技术比较成熟、污染基本可控、发展前景和产业效益良好的工业而言，不仅要发展，而且要大力发展，要规模化发展、全链式发展。根据当前社会发展形势，在大力发展工业时，要注意做好园区化经营、满足生态环境许可、确保全过程安全。三是在发展工业时要特别注重科技研发，把增强科技创新能力摆到更加突出的位置。科技研发既要满足不断发展的市场需求，也要着力推进社会生产更加绿色低碳环保，符合生态文明建设的要求。

三、坚持绿色价值实现与共同富裕相统一

"两山"理念的践行包含实现共同富裕的理想追求。绿水青山为众人所共有，那么由护美绿水青山所带来的经济效益也应让广大人民所共享。特别是，我国是社会主义国家，绿水青山和金山银山的全民共建共享更应如此。"两山"理念践行的重要阵地在乡村，乡村土地属于集体所有，从理论应然性来看，无论是绿水青山所蕴含的直接经济财富（如山林经济）还是间接经济价值（如生态旅游财富）都应由集体共同享有。在乡村振兴过程中，单个个人所拥有的土地往往很有限，难以实现致富的目标，所以往往需要村集体进行土地的整合利用。浙江省的通常做法是把农户手中的土地流转到村集体，由村集体负责统筹开发、利用（包括招商引资）。浙江很多村庄建立了村办企业，农户入股并分享发展红利，推进实现共同富裕。

反过来说，通过生态振兴实现生态产品的价值，促使"生态财富"转化为"物质财富"，必将成为实现共同富裕的重要路径。在生态产品价值实现的过程中，党和政府有必要制定推进共同富裕的政策与战略，不仅要通过创造有效市场来推动生态产品价值实现，也要激发有效市场的创新力和倒逼机制，为生态产品价值实现获得必需的制度基础、政策引导和权威力量，让人民群众共享绿色发展成果。如安吉实施全域旅游战略，把全县当作一个大景区来打造，在这种全域美丽的建设过程中，县、乡政府通过在不同时期扶持不同村庄的发展，以及推动公共服务的均等化，使全县居民共享发展成果。安吉的余村、潴口溪、鲁家村等倡导与周边村庄的多村共建，就是在各村党委领导下，充分利用各村的自然资源、历史文化资源禀赋，共享市场资源，追求共同富裕。因此，浙江生态产品价值实现探索的重要途径之一，就是与共同富裕有机融合，这样既护美了绿水青山，也共享了金山银山，充分彰显社会主义制度在生态文明建设、社会建设和经济建设上的优越性。就全国而言，虽然各地发展水平、区域生态环境不同，但在推动生态文明建设、追求绿色发展与推进生态产品价值实现的过程中，政策制定者应时刻关照人民群众

的基本生存与发展利益需要，真正让人民群众从中获益。事实也证明，坚持绿色发展，必须坚持"以人民为中心"的价值取向，否则就会偏离社会主义方向。生态文明的理论愿景是实现经济效益、社会效益和生态效益的统一，而其中的关键就在于：是否坚持把人民群众的根本利益作为经济发展的终极目标。判断我国生态文明建设、绿色发展与生态产品价值实现得失成败的唯一标准，只能定位于人民群众是否满意，是否具有获得感与幸福感。

四、坚持因地制宜，步步为营，久久为功

浙江在"绿水青山就是金山银山"理念的践行中坚持因地制宜。就城市建设而言，有的城市如丽水坚持生态环境保护优先，省里对其不考核 GDP 和工业总产值，坚持走绿色生态发展之路，该市的生态环境质量连续十多年位居全省第一；有的城市如湖州既注重生态环境保护又注重经济发展，走生态经济的发展道路，目前该市为全国生态文明先行示范区、国家环保模范城市，同时也实现了经济高质量发展，期待建成生态文明典范城市；有的城市如宁波以高质量发展为主，同时兼顾环境保护，目前是长三角五大区域中心之一、现代化国际港口城市，同时也是国家园林城市、国家森林城市和国家环保模范城市。就乡村富美发展而言，有的乡村以发展生态农业为主（如安吉黄杜村种养白茶），有的乡村以发展绿色工业为主（如长兴新川村发展蓄电池产业），有的乡村以发展旅游业为主（如兰溪诸葛八卦村），有的乡村以生态养老为主（如长兴顾渚村），各有特色，各有千秋。

浙江追求"两座山"转化，坚持步步为营、久久为功。"两座山"的转化不可能一蹴而就，而是在明确的目标下，经过持续、稳扎稳打的努力，逐步成功的。以生态省建设为例，浙江 2003 年开始创建，16 年磨一剑，终于在 2019 年验收通过，建成全国首个生态省。这种一以贯之的努力也有可能随着效果的改造而提出更高的目标。以"千万工程"为例，20 年来，浙江省坚持"一张蓝图绘到底"，持续深化"千万工

程"——整治范围不断延伸，从最初的 1 万个行政村，推广到全省所有行政村；内涵不断丰富，从"千村示范、万村整治"引领进步，推动乡村更加整洁有序，到"千村精品、万村美丽"深化提升，推动乡村更加美丽宜居，再到"千村未来、万村共富"迭代升级，强化数字赋能，逐步形成"千村向未来、万村奔共富、城乡促融合、全域创和美"的生动局面（邬焕庆，2023）。

第三节 "绿水青山就是金山银山"理念践行的典型案例

浙江在改革开放之后大力发展民营经济，在经济腾飞的同时，环境遭到了一定程度的破坏。2003 年开启的"千万工程"使得众多的乡村环境有了很大改善，这为后来发展生态经济提供了条件；特别是在"绿水青山就是金山银山"理念的践行中，一大批特色村庄就此产生。值得注意的是，很多"两座山"转化明星村原来的环境状况或经济状况也较差，但经过自身的不懈努力，在环境整治和绿色发展中浴火重生，走在了时代的前列。我们看到，很多"两座山"转化典型乡村的出现不是偶然，它们通常都经历了一个令人感动的转化之路，特别是后来它们致富不忘党恩，追求共同富裕、为党分忧的事迹更是令人钦佩。下面针对几个代表性村庄进行解析。

一、安吉余村：从"卖石头"到"卖风景"

余村位于安吉县西南的天荒坪镇，毗邻镇区所在地，交通便利，因其为天目山之余脉而得名"余村"。村域呈东西走向，为群山所环绕，植被覆盖率高达 96%。该村面积 4.86 平方公里，其中山林面积 6000 亩，水田面积 580 亩，下辖 2 个自然村 1 个中心村。2021 年入选联合国世界首批最佳旅游乡村名单。2022 年，余村的村集体经济收入达到 2247 万元，村民人均收入达到 7.1 万元。

（一）余村的转型之路

余村处天目山之余脉，村内多山。为了摆脱贫困，早在 1976 年村里便就地取材办起了石灰窑；石灰渣可制砖头，村里又顺势建起了砖厂。改革开放后，我国东南地区经济快速发展，城市也在不断建设，在此情形下，水泥急需，余村又毁山毁林开矿，建起了水泥厂。余村石矿质量极佳，是制作高标号水泥的好材料，村里建有 3 家水泥厂，村里一半以上的家庭劳动力在村厂工作。村里有几百辆拖拉机运输石料，兴盛的水泥业使余村成了县里有名的"首富村"。村里的纯收入在 100 万 ~ 200 万元，在当时的县里属于佼佼者。可以说，此时的矿山是余村人的命根子，凭借着靠山吃山，余村不但解决了温饱，还富了起来（尹怀斌，2017）。

1998 年太湖水被污染，作为太湖上游的安吉被国务院黄牌警告，被迫进行生态转型。2001 年，安吉县确立了"生态立县"政策，2003 年安吉拿到了全国生态县的荣誉。太湖治污、生态立县政策的要求，迫使很多污染性企业关停，余村作为全县首富村，生态转型压力巨大，在此情形下也关停了矿山，但是由此而来的是村集体经济的大幅减少以及大量农民失去了致富的工作。

2005 年 8 月 15 日，习近平到安吉余村调研时，面临余村产业转型、对村庄未来发展存在疑虑，深刻指出"绿水青山就是金山银山"。自此村民开始走生态旅游之路：先是村庄、村道路生态环境的改善，接着生态旅游、农家乐、漂流、生态采摘开始兴起，余村开始重新发展起来。

2015 年 8 月 15 日，浙江省委宣传部组织召开了"绿水青山就是金山银山"理念诞生十周年纪念会议，来自国内知名的专家学者、地方官员、"绿水青山就是金山银山"践行样板县区宣传部代表，齐聚安吉天荒坪镇，从各自研究或实践领域对"绿水青山就是金山银山"重要理念的理论意涵、政策指向、典型案例、基本经验与范式、理论与实践意义等内容做了深入解读和分析，安吉余村作为"两山"理念的诞生地开始扬名天下，参观人士络绎不绝。

2017 年，"两山"理念被写入党的十九大报告和新修订的党章之中，成为我国生态文明建设的指导性思想。2020 年 3 月 30 日，习近平总书记前往安吉余村考察调研。在春林山庄，习近平总书记同在场村民进行了亲切交流，并指出："经济发展不能以破坏生态为代价，生态本身就是经济，保护生态就是发展生产力。希望乡亲们坚定走可持续发展之路，在保护好生态前提下，积极发展多种经营，把生态效益更好转化为经济效益、社会效益。"①

余村不断创新发展模式，招引政府和社会资源，村貌不断优化，村庄经济业态不断丰富，建成安吉县首批"农家乐服务中心"接待点，并形成河道漂流、休闲会务、登山垂钓、农事体验的休闲旅游产业链，荷花山景区、千年银杏树、葡萄采摘园、农家乐等景观，以及旅游＋品质农业、文化创意、乡村研学、教育培训等生态旅游业态。2021 年 6 月，余村联合周边四村抱团发展，成立"五子联兴"强村公司，追求共同富裕。村书记汪玉成说："银坑村有影视资源，马吉村有红色资源，横路村水资源丰富，山河村公共配套服务齐全，各村资源整合起来，就意味着旅游形态更丰富，也意味着留住更多游客。"公司组建仅半年，就通过承接保洁等物业服务，为每个村带来了 20 万元的首笔分红。②2005～2023 年余村的村集体收入如图 7－1 所示。

2022 年以来，余村又联动其他村一起打造"高能级、现代化、国际版"的大余村，共涉及 3 个乡镇（上墅乡、天荒坪镇、山川乡）17 个村（余村、董岭村、龙王村、大溪村、高家堂、山川村、马家弄、港口村、五鹤村、西鹤村、井村、刘家塘、马吉村、银坑村、横路村、山河村、施阮村）。同时，余村同四川、新疆等地的 9 个村结成对子，共谋发展，创新推出"余村全球合伙人计划"，诚邀全球英才共建余村。③

———————————

① 新华社. 习近平在浙江考察时强调　统筹推进疫情防控和经济社会发展工作　奋力实现今年经济社会发展目标任务［EB/OL］.（2020－04－01）. http：//www.xinhuanet.com//politics/2020－04/01/c_1125799612.htm.

② "美起来"到"富起来"的村子越来越多［N］. 浙江法治报，2022－08－09（6）.

③ 王豪，张艺，刘尚君. 汪玉成代表：变靠山吃山为养山富山　余村转型折射发展理念之变［N］. 中国青年报，2023－03－05.

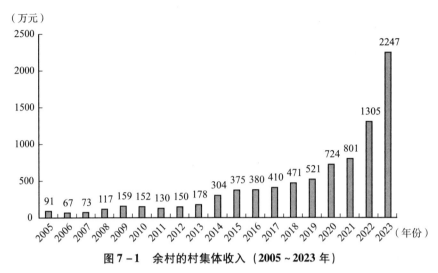

图 7-1　余村的村集体收入（2005～2023 年）

资料来源：余村文化礼堂。

余村为了更好地发展，将全域划分为三大功能区：美丽宜居区、生态旅游区和田园观光区。它不断创新发展，积极申报关于美丽乡村建设的各级政府资助项目，加之村本身优美的生态环境资源、历史文化资源，余村的村容村貌不断提升，生态旅游项目不断丰富，村民也逐渐富裕起来。余村再次实现了乡村振兴！

（二）"绿水青山就是金山银山"理念践行的"余村经验"

在"两山"理念的践行中，余村逐渐形成了以"支部带村、发展强村、民主管村、依法治村、道德润村、生态美村、平安护村、清廉正村"为重点的绿色共富"余村经验"。余村经验使得余村的绿色共富之路不断行深致远，取得系列发展成就，获评全国文明村、全国民主法治示范村、全国生态文化村、全国美丽宜居示范村、联合国首批"世界最佳旅游乡村"等荣誉。

其一，支部带村。村党委对乡村的发展具有引领作用。在我国党是领导一切的，乡村也不例外。余村坚持"绿色发展，红色护航"，选拔了一批有能力、能干事业的支部成员，在村庄生态文明建设和绿色发展上群策群力、率先示范，推动村庄高质量发展。村党委的领导也保证了村民能够从发展中获利，实现共同富裕。

其二，发展强村。余村村两委班子注重发展强村。早在改革开放之初，余村就大力发展村集体经济，使村民富裕了起来，余村逐渐成为全县首富村。安吉生态立县之后，余村积极寻求生态转型，村领导带头搞民宿，发展生态经济。近年来，在村两委的带领下，村庄环境不断美化，生态经济要素不断丰富，村庄被评为国家 AAAA 级景区。与此同时，村集体收入和村民人均可支配收入获得巨大增长，在乡村振兴方面走在全省乃至全国前列。

其三，民主管村。余村坚持依靠民主治理村庄。余村坚持民主选举，坚持大家的事情大家参与、大家说了算，因此村庄总是井然有序。2005 年习近平来到余村发表"绿水青山就是金山银山"重要论述，起因就是调研该村的民主法治建设。

余村坚持民主决策，健全"三务公开"机制，实施"五议一审两公开"管理办法，保障村民知晓与监督权力。该村依托议事会自治平台，选拔退休干部、党员代表、乡贤人士，健全"两山"议事会组织体系，增强村民村务参与和管理能力，有效避免和减少矛盾纠纷，维护村庄和谐稳定。① 如村里建"两山"绿道需搬迁 42 座坟墓，一些村民不愿意，村"两委"通过"两山议事会"广泛发动村民讨论，最终找到了"最大公约数"完成了搬迁。②

其四，依法治村。余村引导村民树立法治意识，开展各类寓教于乐的法治文化活动，利用文化长廊等宣传阵地，传播喜闻乐见的法律常识；同时聘请村级法律顾问，成立余村调解室与巡回法庭，多元处理村民纠纷，确保小事不出村，矛盾不激化。十多年来，余村和谐稳定，村民安居乐业。③

---

① 资料来自余村村委会公开展示栏。
② 沈月娣，俞栋."两山议事会"：基层协商民主的"余村样本" ［N］. 光明日报，2020－08－08（7）.
③ 资料来自余村村委会公开展示栏。

其五，道德润村。余村坚持以道德润村，以文化兴村。余村积极宣传、引导人民群众践行社会主义核心价值观，不断树立文明新风，村里有乡规民约，每户都有家训。村里建有文化礼堂、电影院、书店、咖啡馆，人们可以获得充分的精神享受。除此之外，村里还积极搞好文体活动，如村里建有运动场所，村民组织跳舞、舞狮、打鼓等民间社团，每年都搞村晚，农民生活丰富多彩。

其六，生态美村。2005年"两山"理念提出以来，余村坚持以生态为引领，不断优化乡村风貌，积极发展绿色休闲经济，建设美丽乡村。在余村党政干部和广大村民的共同努力下，村庄面貌逐渐改善，像一幅优美的江南山水画。

其七，平安护村。余村注重平安建设，深化"科技＋传统""技防＋人防"的社会治安防控机制建设，建成浙江省首个村级综合信息指挥室，实现网格化管理，真正做到"事事不出村，天天都平安"。

其八，清廉正村。余村建设有自身特色的清廉文化，培养清廉文化土壤。余村通过广泛教育，弘扬廉洁社会正气，让党员干部在内心深处接受清廉文化。近年来，余村始终保持零诉讼、零事故、零刑案，以及村"两委"干部零违纪。

二、安吉黄杜村："一片叶子富了一方百姓"

黄杜村位于安吉县溪龙乡，区域面积11.5平方公里，森林覆盖率82%，有6个自然村。该村的经济来源主要是生产与销售白茶，村民90%的劳力所从事工作与种植或销售白茶有关。村有耕地面积915亩，其中种植白茶面积1.2万亩，占全县种植白茶面积的10%，2022年销售额达到5亿元，被称为"中国白茶第一村"。习近平同志主政浙江时曾到该村调研，得知该村由于种植、销售白茶而脱贫致富，夸奖该村"一片叶子富了一方百姓"。

（一）发展历程

黄杜村山多地少，原为安吉最为贫困的村庄之一，村里道路泥泞，有的自然村甚至都不通电,村庄很多青壮年在外务工。1980 年,林业局工作人员在做茶叶普查时,在 700 米高海拔的山顶上发现了新的野生茶叶,这就是安吉白茶。① 经过研究,技术人员发现安吉白茶的质量优异,于是 1981 年他们开始对古茶树进行剪枝,试图无性繁殖,经过四年时间终于获得成功。黄杜村村民盛振乾于 1987 年在黄杜村里试种了0.1 亩茶树,成为黄杜村第一批种植安吉白茶的人。

随后,安吉县茶叶科研部门建议溪龙乡党委、政府推广种植白茶。黄杜村原党支部书记盛阿林看好种植白茶的前景,便马上号召村民一起种植,但从种植白茶到出产需要 3~5 年时间,又需要一定的技术支持,能否销售也是问题,村民们犹豫不决。为打消村民顾虑,盛阿林带头种了两亩多白茶。到第三年出产时,当时茶叶的价格是每斤 600 元上下,盛阿林这两亩多茶叶的收益达到 1 万多元,比普通农户一年的收入还要多。盛阿林趁机鼓励村民规模种植。对于没钱买白茶苗的村民,村里为每户人家提供 1 万元的无息贷款,盛阿林本人为种植户担保。同时,溪龙乡党委、政府在资金、政策等方面给予全力支持,承诺只要村民参与种植安吉白茶,乡政府会给予相应补助。到了 1997 年,黄杜村完成安吉白茶种植 1000 亩的计划,3 年后村民人均收入超过万元。黄杜村民由此真正实现了脱贫致富。之后,黄杜村成立了很多茶企,注册商标,做有机认证。近年来,黄杜村又跟随形势在网上开网店,做直播,拓宽销售路径。不仅如此,黄杜村谋划茶

---

① 安吉白茶并非"白茶类",而是绿茶中的一种,因茶叶颜色较淡、浸泡时茶叶偏白,故被称为"白茶"。与一般绿茶相较,安吉白茶口味较为清淡。安吉白茶的历史可追溯至唐代。宋徽宗对白茶颇为偏爱,曾著的《茶论》这样描述珍稀的安吉白茶:"白茶自为一种,与常茶不同,其条敷阐,其叶莹薄,崖林之间,偶然生出,虽非人力所可致,有者,不过四五家;生者,不过一、二株,所造止于二、三胯而已。芽英不多,尤难蒸焙,汤火一失则已变而为常品,须制造精微,运度得宜,则表里昭彻,如玉之在璞,它无与伦也。浅焙亦有之,但品不及。"北宋后安吉白茶未见著述,似消失耳。直至清朝、民国,安吉白茶才被人偶尔发现,但因无法移植,无有社会影响。1980 年左右,安吉县林业局人员听说在天荒坪镇大溪村有棵古茶树,所产茶叶呈玉白色。林业局人员经过调研,找到了这棵茶树,这棵树所产之茶质量优良、味道鲜香。在中国茶科所、浙江大学茶学系、浙江省农业厅的茶树专家指导下,成功繁育了这一新品种,命名为"白叶一号"。国家权威机构将其认定为珍稀茶树品种。(参见陈少非. 安吉本纪 [M]. 北京:红旗出版社,2020:241-249.)

旅融合，发展帐篷客酒店项目，逐渐走上了从卖茶叶到"卖风景"之路。2022 年村级集体经济经营性收入达到 151 万元，总收入是 247 万元，人均纯收入 7.5 万元以上。正所谓，"中国白茶看安吉，安吉白茶看黄杜"。①

黄杜村富裕之后，开始帮助中西部贫困地区种植白茶，实现共同富裕。2018 年，黄杜村 20 名党员代表向湖南古丈、四川青川以及贵州的普安、雷山、沿河三省五县捐赠 1500 万株茶苗，并且承诺提供技术指导和销售兜底。从 2018 年起，村班子成员组织党员群众广泛深入支援地区就白茶之种植、采摘、加工等进行技术指导、现场培训。黄杜村的努力没有白费：捐献的"白叶一号"带动受捐献地 37 个村、6661 名贫困户成功实现脱贫致富，白茶产业也成为当地的重要支柱产业。截至目前，安吉已向三省五县捐赠茶苗 2240 万株，种植面积达到 6217 亩；据悉，未来三年，三省五县还将迎来 3000 万株茶苗落地。② 黄杜村追求共富之路的行为得到了习近平总书记的充分肯定和赞赏。

（二）基本经验

1. 坚持村党委领导，为绿水青山转金山银山出谋划策、率先垂范

村党委对于村庄的发展起着巨大的引领作用。首先，种植白茶需要村党委的宣传、鼓动。白茶是经济作物，高投入高产出，以往大家都没种过，能否有钱种植，种植完能否收获，收获完能否成功销售是一系列的现实问题。因此，在面对种种不确定性的情况下，推广白茶种植需要村领导干部带头并取得良好的经济效益，形成示范效应。其次，在种养白茶、炒茶的过程中有很多技术性难题，在形成品牌、销售白茶的过程中也会有技巧性问题，解决这些难题都需要专业知识，而村党委能够调

---

① "一片叶子富了一方百姓"：浙江安吉白茶高质量发展富民之路 [EB/OL]. (2023 - 06 - 20). http://www.cnfood.cn/article?id=1670991019997499393&wd=&eqid=fe7ba7e80003f60f000000046492793a.

② 黄杜故事续新篇为"一片叶子"插上翅膀 [EB/OL]. (2022 - 09 - 28). https://baijiahao.baidu.com/s?id=1745140003901180719&wfr=spider&for=pc.

动各方资源，群策群力，用团队力量去有力地解决这些难题问题。最后，建设美丽和谐富裕村庄需要村党委领导。一个村庄即使村民都能挣钱，但如果管理不好也会人心涣散，变成一盘散沙，甚至会因一些家庭琐事发生矛盾冲突，影响村庄的和谐稳定，同时也不利于各项村务工作的开展。而如果像黄杜村一样有一个坚强有力的村党委，则能够统筹各方利益，平衡各种关系，全村人心往一处想，共同建设美丽富裕和谐村庄。

2. 坚持因地制宜，根据当地具体情况发展生态产品

发展生态农业，必须因地制宜，体现特色。如果只是一般的"大路货"，大家都能种、都能卖的农业产品就不易发财致富，即使由于某种机缘侥幸获利较多，但从长期来看，由于很容易被大家所效仿而无利可图。安吉白茶虽曰"白茶"，实为绿茶中的一种，为地方特产，它口味清香，韵味丰富。与普通的绿茶相比，安吉白茶经生化测定，氨基酸含量高达10.6%，为普通绿茶的2倍以上，茶多酚含量则在10%～14%，为普通绿茶的2倍以上。但它的生长却有着极为严格的海拔、气温、湿度等环境条件：最适宜种植海拔在800～1200米；它生长周期长，要求气温湿润。安吉县海拔在900米左右，为气净、水净、土净的"三净"之地，空气湿润，非常适合种植白茶，故其所产质量自是非凡。黄杜村安吉白茶的种植充分体现了"绿水青山就是金山银山"理念践行尤其是生态农业产品的开发一定要结合当地生态环境特点，具有地方特色且产出效益高。

为了充分体现地方特色生态产品价值，黄杜村坚持一二三产联动，提高综合收益。黄杜村民积极办白茶企业、做品牌、做认证，提高产品附加值。除此之外，黄杜村还坚持农旅融合，建造白茶博物馆、茶园观光台，建设观光酒店，并且建好旅游休闲度假所需停车场，把当地生态环境资源的价值进一步深挖，取得了良好的经济效益。

3. 坚持共同富裕，从一人富到全村富再到带动更多村庄农民致富

绿水青山为人们所共有，因而无论是绿水青山所蕴含的直接经济财富（如山林经济）还是间接经济价值（如生态旅游财富）都应由集体共同享有。浙江七山一水二分田，人多地少，单一个人所拥有的土地往往很难进行开发，所以通常需要村集体建立村办企业，统筹资源，分享红利。虽然黄杜村主要是依靠高效生态农业致富，但本质上也需要集体的引导和支持，也应追求生态共富。如前文所述，安吉白茶投入高，周期长，生产产出所需技术高，如果没有村集体以及县、乡政府的大力支持，普通个人很难愿意主动去种植。如果村里只有少数人尤其是只有个别人由于种植白茶富裕了，那么村庄整个环境的改善还是难以做到的，这样就失去了绿水青山，也就是难以践行"绿水青山就是金山银山"理念。我们看到，安吉县黄杜村白茶之路的成功离不开当地从县级到乡镇再到村委领导干部的大力支持、引导和鼓舞。不仅如此，该村的村书记还身先士卒，带头种植白茶致富，以此吸引、鼓动广大村民参与进来。整个村富裕起来之后，黄杜村党员干部又饮水思源，致富不忘党恩，主动支援我国中西部的三省五县山区村民脱贫致富，响应国家的脱贫战略，由黄杜村所展示的种种现象充分体现了践行"绿水青山就是金山银山"理念的内含意蕴和价值旨归，即其中所体现了马克思主义所指称的"生态生产力"以及社会主义经济所倡导的"先富带后富，最后实现共同富裕"的价值意蕴。

三、安吉鲁家村：田园综合体模式

鲁家村位于安吉县递铺街道，全村面积 16.7 万平方公里，以山地丘陵地形为主。截至 2023 年，全村有村民小组 16 个，农户 610 户，人口 2300 人。2023 年，该村村集体经济收入 690 万元，村民人均收入 53854 元，村集体资产 2.9 亿元。"田园鲁家"入选全国农村产业融合发展示范园试点，荣膺中国美丽休闲乡村、全国乡村旅游重点村、全国十佳小康村、全国乡村振兴示范村、中国乡村振兴先锋榜等多项国家级荣誉。2018 年 9 月 27 日，浙江"千村示范、万村整治"工程被联合国环境规划署授予最高环保荣誉"地球卫士奖"，鲁家村的村主任裘丽琴女士作为浙江农民代表出席了颁奖典礼。

（一）发展过程

在 2011 年的全县卫生考核中，鲁家村位居全县倒数第一。鲁家村也是全县最穷的村，村集体经济年收入只有 1.8 万元，欠债 150 万元；大部分村民外出务工，是当地闻名的落后村。

2011 年，朱仁斌当选为村党支部书记，积极带领村庄优化环境，做好乡村建设。村委从清洁垃圾入手，购买垃圾桶，安排村民做保洁，仅仅两个月村貌大改。紧接着，村里确定了申报创建美丽乡村精品示范村。为此，村里盘活闲置资产，筹资 500 多万元；争取各项支农项目资金 600 万元；从在外成功创业的 20 多名乡贤处筹款 300 万元；朱仁斌曾以个人名义做担保借款，进行筹资。最终，鲁家村总计筹集 1700 万元资金，党员干部带头与村民修建了商业街、办公楼、篮球场，铺了水泥路，安装了自来水，拆除了简易公厕和违建，并为每家每户修了围墙，村容村貌焕然一新。经过两年努力，鲁家村成功获得"中国美丽乡村精品村"称号，获得近千万元财政奖补，村两委此前自筹来的改造投资款基本还清。① 2013 年之后，村两委的威信彻底确立了，这为以后一切工作的开展打下了扎实的群众基础。

2013 年起，鲁家村抓住美丽乡村精品村创建契机，确立了建设全国首个家庭农场集聚区和示范区建设的发展定位，完成鲁家湖、游客集散中心、文化中心、体育中心"一湖三中心"基础设施建设，并开通一列全长 4.5 公里的观光火车，环线串联起 18 个农场，组合成不收门票、全面开放的景区。

2017 年 7 月，以鲁家村为核心，辐射带动周边南北庄村、义士塔村、赤芝村三村，四村总面积 56 平方公里，组团成为首批国家田园综合体试点项目之一——"田园鲁家"田园综合体。本项目领导组长为县长，副组长为副县长，小组成员由县各相关单位主要领导组成，下设

---

① 乡村旅游引不来大资本？鲁家村何以撬动 20 多亿社会投资？［EB/OL］.（2022 - 07 - 28）. https：//baijiahao. baidu. com/s？ id = 1739567119192222441&wfr = spider&for = pc.

项目实施办公室由递铺街道党委书记兼任主任，同时街道成立项目现场指挥部，现场总指挥由递铺街道副主任担任。项目总体布局为"一核、二溪、三区、四村"，重点建设围绕"一院、一环、三区"进行展开，一院即两山学院，一环即两山绿道，三区即"溪上田园—绿色生态农业示范区""岭上家园—创意农业休闲度假区""云上乐园—生态农林乡居体验区"。项目由公建设施类和招商扶持类组成，分三年完成，预计总投资 6.7 亿元，省级以上扶持 1.5 亿元，县、街道扶持 1.5 亿元，其余资金由社会资本进行市场运作。① 该项目坚持以"绿水青山就是金山银山"理念为指引，践行"三统三共"模式，抓好生产体系、产业体系、经营体系、生态体系、服务体系、运行体系六大支撑体系建设，着力打造集循环农业、创意农业、农事体验于一体的田园综合体和"绿水青山就是金山银山"理念先行实践示范区。② 2018 年 3 月 25 日，鲁家村的产业振兴模式在央视新闻联播播出，鲁家模式受到全国关注。如今村民每年都有租地收入，有股权分红，可以开农家乐、民宿获得收入，也可以到村里企业上班挣工资。村民不用花钱即可以获得村里股权，每人一股，可以在村内转让，原股权每股 375 元，至 2020 年升值到每股3.2 万元。

2023 年，为了打造鲁家 2.0 版本，实现美丽乡村转化美丽经济之路，鲁家村联合旅行社央企，联动第三方生态服务供应商，引进多元项目，丰富旅游业态，吸引更多优秀青年回乡创业，号召更多有梦想、有能力、有资源的乡村振兴共建人加入鲁家乡村全域发展建设中来，为实现鲁家村共同富裕贡献自己的力量。鲁家村在发展中也不断与时俱进，提出更多、更好的建设目标，并为之不懈努力。

鲁家村景美村富之后便开始带动更多村庄实现富裕。2019 年，鲁家村发起"百村联盟"倡议，计划在全国携手 100 个村，输出乡村振兴鲁家模式。目前已在全国 72 个村落地，遍布宁夏、陕西、江西、云南、内蒙古、安徽等地，其中就有"天下枸杞第一村"之称的宁夏石嘴山

①② 相关数据由鲁家村工作人员柏文翔先生提供。

市惠农区东永固村。加入"百村联盟"以来，鲁家村指导该村完成枸杞产业的规划设计，并为其搭建销售渠道，将东永固村的枸杞引入安吉，纳入"两山"中国旅游商品联盟。东永固村与鲁家村结对共建后，村集体收入从 2018 年的不足 10 万元增长到 2021 年的 452.37 万元，人均可支配收入从 2018 年的 14910 元增长到 2021 年的 20042 元，实现了村强民富。①

（二）主要经验②

其一，鲁家村田园综合体发展模式，突破传统农村点状发展、局部发展或者单一优势产业发展的方式，立足全局，加强谋划，建设上整村规划、产业上整村发展，将规划与运营有机结合，村庄环境规划、产业规划和旅游规划三规合一，村庄建设、产业布局、环境改善，一张蓝图执行到底，通过鲁家村这一个平台建设到底，打造合理的乡村空间格局、产业结构、生产方式和生活方式，把田园式建设不断推向新台阶。

其二，鲁家村的创新模式是在一二三产业高度融合之中力求实现乡村振兴。家庭农场的建设把传统农业与现代、高效、生态、休闲农业相结合，突出田野风光塑造、科普教育、高端农产品和品牌的建立，集农业科研、农业深加工、高效农业种植养殖、农业旅游为一体，打造现代生态观光休闲农场。孤立的农业种植或加工生产不会提升土地的附加值，也不会提升产品的附加值，发展创意农业，让生产劳动更具乐趣、让加工生产更具体验性，把田园变乐园，村庄变景区，土地收益大幅提高。具体表现为：在规划设计上，凸显地方特色，体现土地节约集约利用的特点，打造项目亮点，突出精神、精准、精彩的设计理念；在业态布局上，坚持多元化理念，实现业态做强，形成错位竞争；在发展模式上，坚持一二三产业融合发展，将优势资源转化为生产力，做到农旅结

---

① 乡村旅游引不来大资本？鲁家村何以撬动 20 多亿社会投资？ [EB/OL]. （2022 - 07 - 28）. https：//baijiahao. baidu. com/s？ id = 1739567119192222441&wfr = spider&for = pc.

② 本部分内容由湖州师范学院刘亚迪博士完成。

合、文旅结合；在配套设施上，通盘考虑交通出行、生活污水、垃圾处理、公共厕所等布局；在品牌塑造上，养殖品种采取限量养殖，引入市场销售情况好、人人喜爱的特色品种，种植项目则引进抗病丰产、色味俱佳的奇瓜异果或地理标志性农产品，开发土特产品，扩大知名度，形成收益的互补。

其三，以创新激发活力，以项目推动规模经营。鲁家村引入了中药农场、鲜花农场、蔬菜农场等项目，将一定领域的产业集中，改变了以往小农分散经营的格局，实现了多种类型新型农业规模经营、高效发展的局面，从根本上提高了农业发展的质量和效益。此外，通过培育新型农民即职业农民、职业经理、农民企业家来建立产学研体系，推进农业供给侧结构性改革，适应未来农业发展市场需求变化。

鲁家村坚持由市场主导、以企业为主体的原则，走市场化道路，成立经营公司专注景区的管理和营销宣传。目前已引入外来工商资本近20亿元。通过市场化的机制让农场开发与之相适应的不同类型、不同层次、不同规模的乡村旅游产品，可融合乡村观光、游乐、休闲、运动、体验、度假、会议、养老、居住等多种旅游功能，同时各个农场内休闲项目通过有机组合而成若干条旅游线，市场化运作高效经营。除了引进外来工商资本，鲁家村还积极申报从国家到省市县各级各类乡村振兴、美丽乡村建设项目，获得了源源不断的资金与政策支持，加大了村庄的外部动能聚集。

其四，以资源促进发展，以实干促进团结。村里宅基地、集体建设用地、闲置土地、山林等资源，通过土地流转，将土地资源变为资本；此外，用活村内的旧屋、河道、果林、菜园等素材，杜绝城市化的照搬照抄，按照村庄原有的脉络因地制宜进行梳理，在原生态发展的基础上，策划新产业，引进新思想，让更多年轻人回到村庄，回到家乡，促进乡村人与自然和谐共生，让更多人爱上乡村。

发展壮大村集体经济，村民向心力、凝聚力是关键。原来的鲁家村贫穷落后，村里没有实力干大事，村班子威信不高。同时，因大多数人外出打工，不问村务，村民团结意识不强。近年来美丽乡村及乡村旅游的发展极大地凝聚了人心，特别是建设之初，村委的决策力和执行力，让村民真正感受到了村班子想干事、干成事的决心和魄力，大家都自发参与全村建设，关心村里发展，老同志积极建言献策，发光发热，村干部越干越有劲，越干越团结，村班子威信高、人心齐、战斗力强，基层政权得到巩固，村集体事业蒸蒸日上。

第八章

践行"绿水青山就是金山银山"
理念的典型案例

党的十八大之后,"绿水青山就是金山银山"理念逐渐广为人知,并在我国多地得到深入践行,取得了良好的效果。上一章分析了该理念在浙江的践行,本章将介绍该理念在浙江之外一些代表性省份或地区的践行情况与经验启示。

第一节 "绿水青山就是金山银山"理念在福建、江西、贵州的践行

除了浙江以外,我国诸多省份深入践行"绿水青山就是金山银山"理念,取得了很好的效果,本节选择福建、江西、贵州为代表进行分析。

一、福建:围绕山水做文章,自然生态化身"摇钱树"

福建是我国东部沿海省份,该省西部多山地,东部为平原。其陆地面积为 12.4 万平方公里,海域面积 13.6 万平方公里。

福建深入践行"绿水青山就是金山银山"理念,取得了良好的发展效果。从生态来说,根据《2023 年福建省生态环境状况公报》,全省生态环境质量继续保持优良,并持续位居全国前列。全省主要流域水质总体保持为优,Ⅰ类～Ⅲ类水质比例 99.0%,县级及以上集中式生活

饮用水水源地水质 100% 达标，主要湖泊水库水质总体保持为优；全省近岸海域优良水质比例 88.7%；全省 68 个城市、县城空气优良天数比例为 99.4%，其中 9 个城市空气优良天数比例保持稳定、PM2.5 年均浓度下降至 20 微克/立方米；全省森林覆盖率 65.12%，连续 45 年保持全国首位。从经济来说，福建近些年来增速较快。2012 年其 GDP 为 19702 亿元，全国排名第 11 位；2023 年，该省实现地区生产总值 54355 亿元，全国排名第 8 位。

（一）主要做法

下面我们看一下福建"绿水青山就是金山银山"践行的情况。福建的"两座山"转化注意围绕本省的生态资源做文章，形成了具有福建特色的发展模式。福建多山，山上有林，山下有水，所以福建的生态产品价值实现紧扣"林"和"水"二字展开。

福建重视发展林经济。首先，发展竹林经济。福建建瓯作为全国竹林面积最大的县级市，竹业从业人员约 30 万人，竹农人均年销售笋竹收入 6000 多元，占农村居民人均年可支配收入的 39% 以上，竹林成为当地竹农增收致富的"绿色金库"。① 其次，用森林碳汇方式来使生态资源转化为经济财富。2023 年 8 月 15 日，全国生态日福建活动在常口村举行。在当日举办的沪明合作·将乐县林业碳票销售签约仪式上，来自上海的企业与将乐县现场签约 2 万吨林业碳票，成交价 30 万元，这也是我国林业碳票首次跨省销售。再次，开发林业金融产品。根据不同树种林龄、不同产业、不同群体的金融需求，开发"福林贷 2.0 版""益林贷 2.0""林票贷""碳汇贷"和林业碳汇指数保险等林业金融产品，推动林业金融产品提档升级；以碳票为抵押物，沙县发出首笔"福农·碳票贷" 30 万元。最后，发展林下经济。穿山龙、牛奶根都是沙县小吃传统炖罐调味秘方的重要原料。随着沙县小吃产业快速发展，需

---

① 李建民，郑蓉. 探索森林"四库"价值的实现路径——以福建竹林为例 [J]. 发展研究，2023（1）：28-33.

求量越来越大，销路不成问题。杉木成熟需要 20 多年。而林下作物成熟时间短，穿山龙、牛奶根三年左右时间就可以收获。发展林下经济，可以缩短林业周期，增加林业附加值。经过测算，这批林下作物可实现增收 20 余万元。

福建善于把水资源变成水商品。南平市光泽县地处闽江上游，水资源量大质优。近年来，当地通过大力发展矿泉水、天然饮用水等包装饮用水产业，有力带动群众增收致富。

福建开展了流域生态补偿。福建建立健全覆盖全省的流域生态补偿机制，积极探索跨省域生态补偿制度，让绿水青山守护者的获得感大大增强。

（二）经验启示

福建践行绿水青山就是金山银山理念的经验启示有：

其一，不断推进林改，激发林农造林护林积极性。福建虽然林木甚多，但由于早期林权属于集体统一经营，林农缺少收益权利，结果盗伐成风，山林出了问题。2002 年福建提出林权制度改革，分山到户，三年后完成了"明晰产权、确权发证"。这次"山定权"的改革极大地激发了林农的发展积极性，堪称家庭联产承包责任制之后的又一项农业领域重要改革。

2023 年，龙岩探索取消人工商品林主伐年龄限制，这是福建深化林改的重要举措。以往伐林在时间上多有限制，如人工杉木、马尾松的主伐年龄分别为 26 年、31 年，容易错过市场销售最佳时机。改革后，龙岩市林农申请采伐人工商品林蓄积量不超过 30 立方米的，无须再提交伐区调查设计材料，只要向林业部门签署《告知承诺书》，明确采伐地点、树种、数量、方式等信息，就能直接办理采伐许可证，大量节省了调查设计时间和中介费用。取消人工商品林主伐年龄限制的改革增强了林农采伐处置权，大大调动了林农靠林致富的积极性。林改的深入推进激活了林农造林护林的积极性（戴敏等，2024）。

其二，活用金融手段，林农变股农。武平大力推行林票，建立以林场带村联户合作利益联结机制,引导多元主体合作经营,提高林业经营效益,由国有林场与村集体共同出资造林或合作经营现有森林,双方按投资份额制发林票,实现村企双赢。有了林票后,山林交由国有林场实行规模化、集约化、专业化管理,破解了"单家独户"营林的问题,实现"让专业的人干专业的事";林农每年可获得林票金额 5% 的分红保底收益,林木采伐后享受利润分红,其间还可通过转让、质押等方式提前变现(戴敏等,2024)。

其三,推动制度改革,以改革推动绿色生产力发展。在绿色生产力发展上,福建创新构建激励约束的市场体系,让市场在资源配置中发挥决定性作用。在企业层面,福建创新环境信用动态评价和绿色金融联动机制,建立排污权、碳排放权交易制度,激发企业治污减排内生动力,推动企业逐渐从"要我减排"向"我要减排"转变;推行环境污染责任保险、生态环境损害赔偿制度,破解"企业污染、政府买单"问题。在区域层面,福建建立了以省内重点流域为主、汀江—韩江跨省流域相结合的全流域生态保护补偿机制,形成"谁保护谁受益"机制,解决区域发展不平衡问题(陈旻,2021)。不仅如此,从 2014 年起,福建对限制开发区域的 34 个县(市)取消地区生产总值考核,实行农业优先和生态保护优先的绩效考评方式,从制度上推进了这些区域的生态环境保护和绿色生产力发展。

二、江西:推进绿色发展,不负青山赢金山

江西全省总面积 16.69 万平方公里,辖 11 个地级市(南昌、景德镇、萍乡、九江、新余、鹰潭、赣州、吉安、宜春、上饶、抚州)。

江西近年来深入践行"绿水青山就是金山银山"理念,推进绿色发展,获得了良好的发展效果。从生态环境来说,2023 年全省生态环境质量持续稳定提高,全省空气优良天数比率为 96.8%,再创历史新高;PM2.5 平均浓度为 29 微克/立方米,稳居中部六省第一;全省 11 个设区市环境空气质量连续 2 年全部达到国家二级标准;地表水国考断面水质优良比例为 97%,创历史最高水平;长江干流 10 个断面连续 6

年、赣江干流 33 个断面连续 3 年保持Ⅱ类水质；鄱阳湖总磷浓度均值
为 0.059 毫克/升，同比下降 6.3%；县级及以上城市集中式饮用水水源
地水质达标率为 100%；受污染耕地、重点建设用地安全利用任务圆满
完成。① 从经济发展来说，2023 年该省实现地区生产总值 32200 亿元，
全国排名第 15 名（2012 年排名全国第 19 名）。

　　江西践行绿水青山就是金山银山理念的基本做法是：

　　其一，加大环境治理。江西重点打好污染防治攻坚战，稳步提升环
境质量，打赢蓝天保卫战，抓好工业园区、建筑施工、农业秸秆、道路
交通等重点领域污染防控。打赢消灭劣Ⅴ类水攻坚战，加强饮用水水源
保护，实施以流域为单元的系统保护和综合治理。强化土壤污染管控和
修复，推进垃圾分类和无害化处理，加强农业面源污染防治，开展农村
环境第三方治理试点，推进生态环保信息共享，建设全省"生态云"
大数据平台，努力让江西的山更绿、水更清、环境更优美。②

　　其二，推进绿色发展。根据 2024 年江西省政府工作报告，江西制
定实施制造业重点产业链现代化建设行动计划，累计培育国家级中小企
业特色产业集群 10 个，国家创新型产业集群总数达 8 个，国家专精特
新"小巨人"企业总数达 255 家，出台数字经济发展提升行动方案，在
全国率先完成覆盖规模以上工业企业的数字化评价普查，获批建设数字
化转型贯标试点省。江西坚持以科技创新引领产业升级，实施科技兴赣
六大行动，国家稀土功能材料创新中心、国家（江西）北斗卫星导航
综合应用项目通过验收，新增 3 家全国重点实验室，首家省实验室——
南昌实验室启动建设，世界最薄高牌号无取向电工钢下线，全球最大、
国内首艘万吨级远洋通信海缆铺设船在赣下水。

　　其三，不断拓展"两座山"转化通道。根据 2024 年江西省政府工
作报告，江西努力在全域开展生态产品价值实现机制建设，推进自然资
源统一确权登记，在省内开展生态系统生产总值（GEP）定期核算；探

① 资料来源：《2023 江西省生态环境状况公报》。
② 让绿色成为江西发展的底色 [N]. 江西日报，2018 - 04 - 25.

索核算结果应用，培育壮大碳汇、水权、排污权、用能权等交易市场；加快深化集体林权制度改革先行区、森林可持续经营试点重点省、现代林业产业示范省建设；深入实施林下经济发展"三千亿工程"、油茶产业高质量发展三年行动计划；大力推进"以竹代塑"，做大做优森林旅游、森林康养产业，让天生丽质的江西在绿色发展赛道上尽展风采。

三、贵州：坚持生态优先，推动生态产品价值实现

贵州全省总面积 17.6 万平方千米，辖 6 个地级市（贵阳、遵义、安顺、毕节、六盘水、铜仁）、3 个自治州（黔东南苗族侗族自治州、黔南布依族苗族自治州、黔西南布依族苗族自治州）。2023 年末，该省实现地区生态总值 20913 亿元，全国排名第 22 位（2012 年排名全国第 26 位）。同时，该省生态环境优良。根据《2024 年贵州省政府工作报告》，贵州的中心城市环境空气质量平均优良天数比率 98.6%，主要河流出境断面水质优良率保持 100%，森林覆盖率达 63%。

贵州多山少平原，所谓"地无三尺平"。在这样的自然环境下实现高质量发展着实是一个大难题。从贵州的自然禀赋来看，常规发展模式确有不适宜之处。该省多山、少平地，发展工业受到限制；若发展矿山经济则会毁坏当地的喀斯特地貌，自然环境损失大，得不偿失。在这样的背景下，贵州在党中央和国务院的支持下，因地制宜，走出了一条绿色发展之路。

2022 年初，国务院印发了《国务院关于支持贵州在新时代西部大开发上闯新路的意见》，文件指出要以习近平新时代中国特色社会主义思想为指导，按照党中央、国务院决策部署，坚持稳中求进工作总基调，完整、准确、全面贯彻新发展理念，加快构建新发展格局，推动高质量发展，坚持以人民为中心的发展思想，守好发展和生态两条底线，统筹发展和安全，在新时代西部大开发上闯新路，在乡村振兴上开新局，在实施数字经济战略上抢新机，在生态文明建设上出新绩，努力开创百姓富、生态美的多彩贵州新未来。在战略定位上有两点值得关注：一是深入实施数字经济战略；二是坚持生态优先、绿色发展，构建完善生态文明制度体系，不断做好"绿水青山就是金山银山"这篇大文章，努力建设好"生态文

明建设先行区"。

贵州的发展思路是：第一，坚决做好生态文明建设。持续加强污染治理和生态修复，对于重要流域、重要区域加大生态环境保护力度，特别是对中央生态环保督察反馈的问题认真、全面整改。贵州重视制度建设，深入推进河湖长制、林长制；开展生态产品价值实现机制试点、林业碳汇试点；生态产品交易中心也正式挂牌；对纳入国家重点生态功能区的县取消 GDP 考核；构建生态环境大数据平台；与周边省份开展横向生态保护补偿。第二，大力发展绿色低碳经济。根据《2024 年贵州省政府工作报告》，贵州省级主抓"六大产业基地"，明确各市（州）主导产业，指导县（市、区）选准主导产业，逐一编制"一图三清单"，加快构建富有贵州特色、在国家产业格局中具有重要地位的现代化产业体系，特别是重点发展数字经济。2023 年，绿色经济占比达46% 左右，单位地区生产总值能耗降幅居全国前列。第三，不断拓宽"两座山"转化通道。2020 年以来，在赤水市、大方县、江口县、雷山县、都匀市率先开展生态产品价值实现机制试点。贵州省发展改革委向中国质量认证中心购买服务，以 2018 年地方政府统计数据为基准，对 5 个试点生态系统生产总值（GEP）进行核算，初步探索出一套生态产品价值核算机制，各地有了一个可以进行数据对比的衡量依据。2022 年印发实施《贵州省建立健全生态产品价值实现机制行动方案》，部署建立生态产品调查监测机制等 6 个方面重点任务。2023 年，正式挂牌成立贵州生态产品交易中心，在溢价中创造更多"金山银山"。第四，重视做好生态补偿工作。贵州有 25 个县列入国家重点生态功能区，2023 年初，贵州出台《关于深化生态保护补偿制度改革的实施意见》，从完善分类补偿制度、健全综合补偿制度等方面进一步深化改革。近五年，中央下达贵州省重点生态功能区转移支付补助从 42.2 亿元增加到 62.5 亿元，年均增长 8%，累计补助 268 亿元，补助规模连续多年位列全国前三。①

---

① 瞭望·治国理政纪事│做好绿水青山就是金山银山这篇大文章［N］. 瞭望，2024 - 06 - 01.

第二节 "绿水青山就是金山银山"理念践行的三个典型案例

河北塞罕坝机械林场、山西右玉县、福建长汀县是践行"绿水青山就是金山银山"理念的三个典型［三者入选 2017 年生态环境部发布的"绿水青山就是金山银山"实践创新基地名单（第一批）］。此三地原为水土流失极为严重的区域，多年来坚持植树造林，不断让荒山复绿，并在复绿的基础上追求绿色发展，让生态优势变成经济发展优势，让绿水青山变成金山银山，为人们树立了生态产品价值实现的典范。

一、河北塞罕坝：荒原变林海的人间奇迹

河北省塞罕坝机械林场于 1962 年由原林业部批准建立，是河北省林业和草原局直属大型国有林场，国家级自然保护区，总经营面积 140 万亩。林场地处河北省最北部，海拔 1010～1939.9 米，年均积雪达 7 个月，林场中生活着多样树种与动植物。塞罕坝机械林场几代人听从党的召唤，在荒漠沙地上不断植树造林，把荒原变成林海，创造了"牢记使命、艰苦创业、绿色发展"的塞罕坝精神，成为生态文明建设和"绿水青山就是金山银山"理念践行的典范。

（一）发展历程

塞罕坝机械林场位于河北承德市围场满族蒙古族自治县北部坝上地区，历史上水草丰美，属于清代皇家猎苑的重要组成部分。由于清末至民国期间过度伐木，导致水土流失，逐渐变成"黄沙遮天日，飞鸟无栖树"的荒漠沙地。新中国成立后，为了保卫北京的生态安全，原林业部决定在河北北部建立大型林场。

万事开头难。为了响应国家的号召，来自全国 18 个省份、24 所大专院校的毕业生和原地方林场干部、工人组成了 369 人的创业队伍（他

们平均年龄不到24岁）齐聚塞罕坝，自此拉开了林场建设大幕。初来乍到，这些热血青年就被塞罕坝的寒冷、荒凉、闭塞当头泼了一瓢冷水，美好的憧憬和残酷的现实形成的巨大反差，让一颗颗原本沸腾的心渐渐平静了下来。建场初期，塞罕坝只有少量房屋，集中到来的创业者无处栖身，就住仓库、车库、马棚，还住不下，就搭窝棚。没有食堂，就在院子里支个棚子，架上几口大锅，露天吃饭。缺少粮食，就吃全麸黑莜面加野菜。安顿下来后，他们边生产，边建设，由于当时到县城没有公路，建筑材料紧缺而且昂贵，他们便就地取材，用草坯建起简易的"干打垒"，用石头和莜麦秸建起了一栋栋草房，终于赶在雨季之前，全部有了住处。为从根本上解决粮食问题，他们就派出一部分人员开荒种地，一边造林一边种粮，既解决了吃饭问题，又保证了林业生产，实现了自给自足、自力更生。最苦的日子还是造林季节，由于离住地远，大家必须吃住在山上。没地方住，他们就在山上搭牛顶架窝棚、马架子，随山势挖地窖子，在沼泽地里挖草坯盖"干打垒"。住在里面，每天早上起来，草铺下面已经化出一层水，被子的四周和人的头发上都是一层白霜。长期生活在艰苦的条件中，致使一些职工年纪轻轻就患上了风湿关节病。冬季是最难熬的，气温零下40多度，滴水成冰，每天早上都会刮白毛风，几乎天天下雪，雪深没腰，所有的道路都被大雪覆盖，工作人员与外界的联系几乎中断。大雪被风一刮，屋内就是一层冰，晚上睡觉要戴上皮帽子，早上起来，眉毛、帽子和被子上会落下一层霜，铺的毡子全冻在了炕上，想卷起来得用铁锹慢慢铲。然而，塞罕坝人没有被困难吓到，硬是在高寒沙地上，用颗颗火热的心，打造了一片绿的海洋。①

半个多世纪以来，三代塞罕坝人艰苦创业、接续奋斗，建成了世界上面积最大的人工林场，创造了荒原变林海的人间奇迹。与建场之初相比，塞罕坝机械林场有林地面积由24万亩增加到现在的115.1万亩，

---

① 姚伟强，李巍，刘亚春. 英雄创业越千秋　茫茫荒原变绿洲——河北省塞罕坝机械林场三代人55年艰苦奋斗造林纪实［EB/OL］.（2024－07－31）. http：//lycy. hebei. gov. cn/menu/show. php？pid＝2616.

森林覆盖率由 11.4% 提高到现在的 82%，林木蓄积由 33 万立方米增加到现在的 1036.8 万立方米。林场湿地面积 10.3 万亩。这里是滦河、辽河两大水系重要水源地，每年涵养水源 2.84 亿立方米，固定二氧化碳 86.03 万吨，释放氧气 59.84 万吨。森林资产总价值 231.2 亿元，每年提供的生态系统服务价值达 155.9 亿元，为京津冀筑起了一道牢固的绿色生态屏障。2017 年 8 月，习近平总书记对塞罕坝林场建设者感人事迹作出重要指示。2021 年 8 月 23 日，习近平总书记莅临塞罕坝机械林场考察。林场被党中央、国务院授予"全国脱贫攻坚楷模"荣誉称号，荣获了全国先进基层党组织、最美奋斗者、时代楷模、全国五一劳动奖状、全国文明单位、全国绿化先进集体、全国生态建设突出贡献先进集体、国有林场建设标兵、感动中国 2017 年度团体奖、三北防护林体系建设工程先进集体、河北省生态文明建设范例等称号。2017 年、2021年，林场先后荣获了联合国环保最高奖项"地球卫士奖"和防治荒漠化领域最高荣誉"土地生命奖"。①

塞罕坝机械林场积极实施塞罕坝精神宣传教育，努力实现生态效益、社会效益、经济效益三者的有机统一，奋力续写新的绿色奇迹。截至目前，八大工程各项重点任务已基本完成并取得显著成效。在此基础上，塞罕坝又开启了"二次创业"的高质量发展新征程，试图进一步健全生态产品价值实现机制，拓宽"两山"转化路径，提升森林"四库"功能，构建创新引领、数字赋能、生态提质、资源增效发展新格局。②"塞罕坝"是蒙古语和汉语的结合词，意为"美丽的高岭"，现在此地不仅美丽，而且富裕，成了人们安居乐业之所！

（二）发展经验

塞罕坝机械林场在践行"绿水青山就是金山银山"中取得硕果并非偶然。一是得到党和政府的支持。林场的建立最初是在林业部的支持

①② 让荒漠变绿洲　这就是塞罕坝［EB/OL］.（2024 - 06 - 14）. https：//www. forestry. gov. cn/lyj/1/lcdt/20240614/570328. html.

下，后来得到了各级政府的支持。二是拥有一定的科技支持。塞罕坝山高天冷雨水少，造林成功需要一定的农林科学技术支持，塞罕坝的很多工作人员都是农业大学和林业大学的毕业生，并得到相关技术专家的大力支持。依靠科技创新，塞罕坝人攻克了高寒地区引种、育苗、造林等一系列技术难关，创造出一个个营林技术的新突破，多项科研成果获国家、省部级奖励，5 项成果达到国际先进水平。① 三是人民群众的艰苦奋斗。三代林场工作人员迎难而上，艰苦奋斗，终于用鲜血和汗水换来了林场面貌的巨大改善。四是坚持绿色发展。创始阶段，资金的投入主要来自国家支持；建设了大量人工林后，开始边砍伐边种植，通过木材产业实现林场的可持续发展；现在林场砍伐林木已大为减少，而是大力发展旅游业和森林碳汇。作为国家级自然保护区，塞罕坝每年吸引游客50 多万人次，一年的门票收入达 4000 多万元。

二、山西右玉："不毛之地"变"塞上绿洲"

右玉地处山西与内蒙古交界，是山西省的北大门。全县面积 1969 平方公里，辖 4 镇 4 乡，172 个行政村，8.7 万人（2022 年底）。境内的杀虎口是草原游牧民族与中原农耕文化的重要交汇之地，是清代晋商外出的重要通道。右玉原来生态环境恶劣，经过当地人民 70 多年的造林行动，旧貌换新颜，如今该县生态环境良好，获全国造林绿化先进县、全国绿化模范县、国土绿化突出贡献单位、国家生态文明建设示范县、"绿水青山就是金山银山"实践创新基地等荣誉称号，系国家级生态示范区、国家可持续发展实验区、全县域国家 AAAA 级旅游景区、中国低碳旅游示范地、美丽中国示范县、全国首批全域旅游示范区创建单位。

（一）发展历程

右玉县地处毛乌素沙漠边缘，新中国成立之初，全县仅有残次林

---

① 姚伟强、李巍，刘亚春. 英雄创业越千秋　茫茫荒原变绿洲——河北省塞罕坝机械林场三代人 55 年艰苦奋斗造林纪实［EB/OL］.（2024 - 07 - 31）. http：//lycy. hebei. gov. cn/menu/show. php？pid = 2616.

8000 亩，绿化率不足 0.3%，土地沙化面积占到 76.2%，生态环境恶化，自然灾害频发，生存条件恶劣。

70 多年来，历届县委、县政府领导班子始终把植树造林、治理沙化作为县域发展的基础，以功成不必在我的态度，一任接着一任干，水滴石穿式地绿化，直至今日林木绿化率达到 57%，大大高出全国平均水平，沙化现象得到有效治理。

右玉生态环境治理好了之后，着力发展生态产业，追求"两座山"的转化。当地充分利用丰富的沙棘资源进行加工开发，把小灌木做成大产业。沙棘林总面积达到 28.5 万亩，年采摘沙棘果 8000 吨左右。12 家沙棘加工企业年产沙棘果汁、原浆、罐头、果酱、酵素等各类产品 3 万多吨，产值 2 亿多元，形成了产供销为一体的经济林产业链。同时，深化集体林权制度改革，完善林业保障体系建设，盘活森林资源，进一步为农民增收致富开辟新途径。此外，右玉依托优美的生态环境，大力培育森林旅游、森林康养等森林文化旅游产业，苍头河国家湿地公园通过验收挂牌，获批西口古道国家森林公园试点建设项目；先后建成小南山城郊森林公园、四五道岭、松涛园、贺兰山等生态观光旅游景区，生态文化旅游业发展迅猛（杨杰英和辛泰，2023）。生态环境已成为右玉发展最大的财富。

2022 年该县实现地区生产总值 122 亿元，同比增长 5%，增速全市第一；规模以上工业增加值增长 7%，增速全市第一；固定资产投资完成 35 亿元，同比增长 7.6%；社会消费品零售总额完成 17.1 亿元，增速全市第二；一般公共预算收入 7.2 亿元，同比增长 36.7%；城镇常住居民人均可支配收入 30910 元，同比增长 4.3%；农村常住居民人均可支配收入 12237 元，同比增长 10.6%，增速全市第一。2022 年实施 500万元以上项目 101 个，引进本草中医药产业基地等一批大项目、好项目。全长 96.16 公里的长城一号旅游公路，8 条主线全部通车。全县市场主体达到 10193 户，同比增长 29.2%；培育省级企业技术中心 1 家、科技创新中心 1 家、高新技术企业 3 家，市级入库科技型中小企业 6家；认定"专精特新"中小企业 3 家；培育"小升规"企业 5 家，全县规上工业企业达到 36 家。①

（二）发展经验

一是坚持听从党和政府的领导。在历史上，右玉人民坚持县委县政府的领导，不懈奋斗，改变了生态环境和经济发展的面貌。近些年来，右玉坚持以习近平新时代中国特色社会主义思想为指导，全面贯彻党中央的发展精神，深入贯彻习近平总书记考察调研山西重要讲话重要指示精神和对右玉精神的六次重要指示精神，坚决落实中央、省委、市委经济工作会议精神，按照县委经济工作会议部署，大力弘扬右玉精神，追求社会经济发展。二是广泛发动人民群众。人民是历史的创造者，是历史发展的动力之源，人民群众有无穷的智慧与力量，只有广泛调动人民群众的力量，社会的发展才有希望，右玉也是如此。无论是在生态治理中还是在绿色发展中，右玉都坚持以人民为中心，追求社会经济发展人民共建共享，取得了良好的发展效果。三是锲而不舍谋发展、求先进。在荒漠化严重时，当地着力改善生态环境；在生态环境改善后，当地着力追求发展经济。近年来右玉精神入选首批山西文化记忆项目。右玉生态文化旅游示范区连续四年在全省开发区发展水平考核中被评为"优秀"。县林业局被中共中央、国务院授予"人民满意的公务员集体"称号，被全国绿化委员会、人社部、国家林业和草原局表彰为"全国绿化先进集体"。

三、福建长汀："火焰山"变"花果山""金山银山"

长汀县隶属龙岩市，位于福建西部，与江西接壤，境内多山，所谓"八山一水一分田"，系典型的山区县。长汀系国家历史文化名城，是客家人的发祥地和集散地。长汀是著名的革命老区，是福建省委、省苏维埃政府和省军区所在地，曾经经济繁荣，有"红色小上海"之称。目前全县辖 18 个乡（镇）307 个村（居），户籍人口 55 万，土地面积

---

① 右玉县人民政府. 右玉概况［EB/OL］.（2023-10-10）. http://www.youyuzf.gov.cn/zjyy/yygk/202310/t20231010_637395.html.

3099 平方公里，其中山地面积 388 万亩、耕地面积 44.2 万亩。长汀历史上水土流失严重，后来在全县人民不懈努力下，生态环境有了很大的改善，是全国水土流失治理的典型。

（一）发展历程

长汀曾是我国南方红壤区水土流失最严重的县域之一，水土流失占全县总面积的 1/3，当时"山光、水浊、田瘦、人穷"。当时在福建工作的习近平同志非常关心长汀的发展，先后 5 次带队深入长汀走村入户，调研环境治理工作。2001 年，当地掀起大规模治山治水的高潮。长汀人民敢于拼搏、迎难而上，发扬"滴水穿石，人一我十"的精神，经过多次的摸索实验，总结形成了"党政主导、群众主体、社会参与、多策并举、以人为本、持之以恒"的水土流失治理"长汀经验"。

2011 年 12 月 10 日、2012 年 1 月 8 日，在不到一个月时间里，习近平同志对长汀水土流失治理和生态建设连续两次作出重要批示，长汀人民倍感振奋、备受鼓舞。经过 30 多年的艰苦奋斗，长汀水土流失治理取得了第一阶段的关键性胜利，昔日的"火焰山"变成了"花果山""金山银山"，全县累计减少水土流失 109.3 万亩，森林覆盖率从过往的 58.4% 提高至 2021 年的 80.31%，森林蓄积量提高到 1915.4 万立方米，空气环境质量常年维持在 Ⅱ 级标准以上；全县 18 个乡镇交接断面全年综合水质达标率为 100%，饮用水源地水质达地表水 Ⅱ 类标准、达标率 100%，实现了从浊水荒山向绿水青山就是金山银山的历史性转变。2012 年以来，长汀先后荣获首批国家生态文明建设示范县、国家水土保持生态文明县、全国水土保持示范县、全国绿化模范单位等国家和省级 20 多项荣誉，被列为全国水土保持高质量发展先行区、全国第一批"绿水青山就是金山银山"实践创新基地、首批"水生态文明城市"建设试点县、全国第六批生态文明建设试点县等 10 多个国家级试点，为全国生态修复保护起到了模范带头作用。[①]

---

① 长汀县人民政府. 长汀县情简介 [EB/OL]. (2023 - 11 - 08). http://www. changting. gov. cn/zjct/ctgk/.

（二）发展经验

回顾长汀改革开放以来的发展经验，我们得出以下经验启示：一是要听党话，跟党走。长汀县深入学习全面贯彻习近平新时代中国特色社会主义思想和党的二十大精神，以及对长汀工作 9 次重要指示精神，充分发挥红色基因优势，大力发扬红军艰苦奋斗、不怕牺牲和老区苏区"闹革命走前头、搞生产争上游"的精神优化环境，发展经济。二是要坚持治理优先。长汀老区人民敢于拼搏、迎难而上，持续发扬"滴水穿石，人一我十"的精神，经过一次次的摸索实验，总结形成了"党政主导、群众主体、社会参与、多策并举、以人为本、持之以恒"的水土流失治理"长汀经验"，被誉为"福建生态省建设的一面旗帜""我国南方地区水土流失治理的一个典范"。三是在环境改善基础上追求赶超式发展。创先争优上项目、兴产业、谋发展、保安康，全县经济、政治、文化、社会、生态文明建设和党的建设等各项工作扎实推进。2022年全年实现地区生产总值 343.7 亿元，同比增长 5.5%，居全市第二；第一产业增加值增速 4.5%，居全市第一；全县规模工业企业总产值325.8 亿元，同比增长 5.6%，居全市第三；固定资产投资 135.5 亿元，同比增长 14.7%，居全市第二；建筑业总产值 96.5 亿元，同比增长13.5%，居全市第一；财政总收入 13.8 亿元，同比增长 18.1%，居全市第二；城镇居民人均可支配收入 33502 元，同比增长 5.5%，农村居民人均可支配收入 22279 元，同比增长 8.2%，两项指标均居全市第一。2022 年全年 20 项主要经济指标中 17 项居全市前三，入选全省经济发展"十佳"县。全年共获得省（部）级以上荣誉 43 项，其中国家级荣誉及试点（示范）19 项。①

---

① 长汀县人民政府. 长汀县情简介［EB/OL］.（2023 – 11 – 08）. http：//www. changting. gov. cn/zjct/ctgk/.

| 第九章 |

"绿水青山就是金山银山"理念
践行效果评价

本章将介绍"绿水青山就是金山银山"理念践行的一些参照性标准。这些标准主要包括北京师范大学经济与资源管理研究院的专家团队构建的"绿水青山就是金山银山"理念践行效果省域三级指标体系、浙江大学环境与资源学院研究团队建构的县域"绿水青山就是金山银山"发展指数以及生态环境部环境规划院制定的三个标准：绿色 GDP 核算技术指南、陆地生态系统生产总值（GEP）核算技术指南和经济生态生产总值（GEEP）核算技术指南。基于此，"绿水青山就是金山银山"理念的践行就真正做到了有标可依、有据可考、有章可循。

第一节　省域标准与县域标准

一、"绿水青山就是金山银山"理念践行效果评价的省域标准

（一）评价标准

2020 年，北京师范大学经济与资源管理研究院的专家团队经过研究，构建了评价"绿水青山就是金山银山"理念践行效果的省域三级指标体系，并计算出 2011～2017 年中国省域"两山论"践行效果综合指数（宋涛和李斐琳，2020）。

"两山论"践行指标体系包含一级指标 3 个，分别为绿色发展的协

调性、资源环境的承载力和产业发展的新动能。二级指标有 9 个，三级指标有 20 个（见表 9 - 1）。

表 9 - 1　　　　　　　　　　"两山论"践行指标体系

一级指标	二级指标	三级指标	指标方向
绿色发展的协调性	经济发展水平	人均地区生产总值（元）	+
	环境保护力度	环境污染治理投资总额占地区生产总值的比重（%）	+
资源环境的承载力	生态承载能力	生态承载能力（公顷）	+
	资源丰裕程度	人均水资源量（立方米/人）	+
		能源生产量与消费量的差额（万吨标准煤）	−
	环境质量水平	单位地区生产总值二氧化碳排放量（吨/亿元）	−
		单位地区生产总值化学需氧量排放量（吨/亿元）	−
		单位地区生产总值氮氧化物排放量（吨/亿元）	−
		单位地区生产总值氨氮排放量（吨/亿元）	−
		单位地区生产总值二氧化硫排放量（吨/亿元）	−
产业发展的新动能	产业结构转型	六大高载能行业产值占工业总产值比重（%）	−
	产业资源节约	单位地区生产总值水耗（立方米/万元）	−
		单位地区生产总值能耗（吨标准煤/万元）	−
		单位地区生产总值电耗（千瓦时/万元）	−
	产业环境友好	工业二氧化硫去除率（%）	+
		工业废水化学需氧量去除率（%）	+
		工业氮氧化物去除率（%）	+
		工业废水氨氮去除率（%）	+
	产业创新发展	人均 R&D 经费支出（元/人）	+
		国内专利申请授权量（件）	+

资料来源：金佩华，杨建初，贾行甦."绿水青山就是金山银山"理念与实践教程［M］.北京：中共中央党校出版社，2021：63.

　　绿色发展协调性对应的二级指标为经济发展水平和环境保护力度。其中，用人均地区生产总值作为经济发展水平的三级指标，用环境污染治理投资总额占地区生产总值的比重作为环境保护力度的三级指标。

　　资源环境承载力对应的二级指标为生态承载能力、资源丰裕程度、环境质量水平。用生态承载能力作为生态承载能力的三级指标，用人均水资源量和能源生产量与消费量的差额作为资源丰裕程度的三级指标，用单位地区生产总值二氧化碳排放量、单位地区生产总值化学需氧量排放量、单位地区生产总值二氧化硫排放量、单位地区生产总值氮氧化物排放量、单位地区生产总值氨氮排放量作为环境质量水平的三级指标。

产业发展新动能对应的二级指标为产业结构转型、产业资源节约、产业环境友好、产业创新发展。用六大高载能行业产值占工业总产值比重作为产业结构转型的三级指标，用单位地区生产总值水耗、单位地区生产总值能耗、单位地区生产总值电耗作为产业资源节约的三级指标，用工业二氧化硫去除率、工业废水化学需氧量去除率、工业氮氧化物去除率、工业废水氨氮去除率作为产业环境友好的三级指标，用人均 R&D 经费支出、国内专利申请授权量作为产业创新发展的三级指标。

（二）使用举例①

根据"两山论"践行指标体系，北京师范大学经济与资源管理研究院计算出 30 个省份的综合指数排名和各个一级指标指数排名。2011～2017 年，北京、上海、天津、江苏、浙江的"两山论"践行效果综合指数位列前五，其中北京排名第一，说明北京在绿色经济发展、资源环境保护和产业发展方面的综合水平较高。这可能是因为北京在"两山论"践行过程中，对于生态资源保护、环境治理、产业转型和创新发展等方面的投入力度较大。

单独看绿色发展协调性指数，2011～2017 年排名均比较靠前的几个省份有北京、天津、上海、江苏、内蒙古。单独看资源环境承载力，2011～2017 年排名均比较靠前的几个省份有内蒙古、北京、天津、山西、上海。单独看产业发展新动能，2011～2017 年排名均比较靠前的几个省份有北京、上海、江苏、浙江、广东、天津。

为进一步推进生态文明建设，提高"两山论"践行效果，各地应

---

① 宋涛，李斐琳．"两山论"践行效果指标体系构建及省际测评［N］．中国环境报，2020－08－17（3）．

在未来发展中把握生态文明建设的总要求，以"两山论"为指导，坚持绿色发展理念，构建多元共治、经济引导、制度约束的发展体系。

二、"绿水青山就是金山银山"理念践行效果评价的县域标准

（一）评价标准

为了做好县域"绿水青山就是金山银山"理念践行效果的评价，浙江大学环境与资源学院研究团队从 2016 年开始研究县域"绿水青山就是金山银山"发展指数，通过对现有生态文明建设和发展状况指标体系的分析，加之对全国 1837 个县域发展情况的调研，运用层次分析法和大数据分析方法计算出"绿水青山就是金山银山"践行百强县。

"绿水青山就是金山银山"县域发展指数包括四部分：生态环境、绿色经济、民生发展和保障体系。浙江大学环境与资源学院绿水青山就是金山银山发展指数研究团队从 2018 年 8 月开始发布发展指数，2021年新增"碳中和"指数，2022 年又新增了绿色共富发展指数。

（二）使用举例

2023 年 11 月 17 日，由浙江大学、浙江生态文明研究院研究的绿水青山就是金山银山发展指数在安吉公开发布（见表 9－2）。[①] 在 2023 年绿水青山就是金山银山发展百强县中，浙江省几乎占据了半壁江山：浙江省有 49 个县（自治县）市、江苏省有 15 个县市、福建省有 6 个县市、山东省有 5 个县市、广东省有 3 个县市、湖北省有 3 个县（自治县）市、贵州省有 2 个县市、安徽省有 2 个县、云南省有 2 个县（自治县）、四川省有 2 个县市、湖南省有 2 个县、江西省有 2 个县（市）、贵州省有 2 个县市、内蒙古自治区有 1 个旗、河北省有 1 个自治县、海南省有 1 个市、重庆市有 1 个自治县、吉林有 1 个自治县。位居全国前十的县

---

① 2023 年绿水青山就是金山银山发展指数及百强县发布［EB/OL］.（2023 - 11 - 20）. http：//www. cers. zju. edu. cn/cercn/2023/1120/c42391a2828678/page. htm.

市为浙江省安吉县、浙江省宁海县、江苏省常熟市、江苏省昆山市、浙江省嵊泗县、浙江省龙泉市、江苏省张家港市、浙江省天台县、浙江省德清县、浙江省常山县。

表 9 – 2　　　　2023 年绿水青山就是金山银山发展百强县名单

排名	省	县（市）	排名	省	县（市）	排名	省	县（市）	排名	省	县（市）
1	浙	安吉县	26	浙	桐庐县	51	浙	临海市	76	苏	兴化市
2	浙	宁海县	27	浙	海宁市	52	浙	义乌市	77	浙	云和县
3	苏	常熟市	28	浙	开化县	53	浙	慈溪市	78	苏	如皋市
4	苏	昆山市	29	浙	新昌县	54	浙	桐乡市	79	粤	新兴县
5	浙	嵊泗县	30	浙	平湖市	55	浙	永嘉县	80	云	龙陵县
6	浙	龙泉市	31	浙	嵊州市	56	苏	建湖县	81	苏	盱眙县
7	苏	张家港市	32	浙	浦江县	57	赣	吉安县	82	赣	贵溪市
8	浙	天台县	33	浙	岱山县	58	苏	邳州市	83	闽	屏南县
9	浙	德清县	34	浙	松阳县	59	鲁	乳山市	84	皖	郎溪县
10	浙	常山县	35	浙	青田县	60	闽	邵武市	85	蒙	杭锦旗
11	浙	淳安县	36	浙	建德市	61	贵	修文县	86	鲁	沂源县
12	浙	三门县	37	浙	泰顺县	62	辽	桓仁县	87	闽	福安市
13	浙	兰溪市	38	浙	庆元县	63	粤	东源县	88	皖	歙县
14	浙	磐安县	39	浙	海盐县	64	鄂	五峰土家族自治县	89	鲁	寿光市
15	浙	瑞安市	40	苏	溧阳市	65	陕	凤县	90	鄂	当阳市
16	浙	乐清市	41	浙	龙游县	66	贵	清镇市	91	鲁	蒙阴县
17	浙	象山县	42	浙	苍南县	67	浙	诸暨市	92	苏	太仓市
18	浙	平阳县	43	浙	东阳市	68	鲁	荣成市	93	鄂	崇阳县
19	浙	遂昌县	44	浙	江山市	69	闽	安溪县	94	苏	仪征市
20	浙	缙云县	45	浙	文成县	70	川	宝兴县	95	湘	澧县
21	浙	景宁畲族自治县	46	闽	武夷山市	71	苏	宜兴市	96	冀	围场满族蒙古族自治县
22	浙	温岭市	47	浙	龙港市	72	渝	秀山土家族苗族自治县	97	川	邛崃市
23	浙	武义县	48	闽	漳平市	73	苏	东台市	98	湘	会同县
24	粤	高州市	49	云	峨山彝族自治县	74	吉	长白朝鲜族自治县	99	苏	启东市
25	浙	玉环市	50	浙	嘉善县	75	琼	琼海市	100	苏	句容市

资料来源：浙江大学环境与资源学院。

在 2023 年绿色共富指数中排名前五十的统计中，浙江占了绝大多数（47 个），江苏有部分县级市入选（3 个），其他省份无。绿色共富指数排名前十的县市有：宁海县、张家港市、海宁市、义乌市、安吉县、嵊泗县、玉环市、诸暨市、平湖市和昆山市。

在 2023 年碳中和指数中排名前五十的统计中，江苏 24 个，浙江 11 个，江西 5 个，湖南 2 个，云南 2 个，广东 2 个，湖北 1 个，内蒙古 1 个，安徽 1 个，海南 1 个。碳中和排名前十的县市有：淳安县、富民县、庆元县、泰顺县、宜兴市、邳州市、通道侗族自治县、杭锦旗、常熟市和东台市。

从趋势上来看，全国 A＋、A、B、C 等级的县域数量持续增长，而 D 等级的县域数量持续下降。由此可见，这六年我国县域"绿水青山就是金山银山"建设成效显著。

第二节　绿色发展指标与生态产品价值核算

一、绿色 GDP 核算

为全面贯彻落实习近平生态文明思想和"绿水青山就是金山银山"理念，指导和规范绿色 GDP 或经环境调整的国内生产总值（environmentally-adjusted domestic product，EDP）核算工作，定量反映经济发展过程中的资源消耗和环境代价，保证环境经济核算过程中核算方法的科学性、规范性和可操作性，生态环境部环境规划院制定了《绿色 GDP（GGDP/EDP）核算技术指南（试用）》。

1. GGDP 核算框架

所谓"绿色 GDP"是指一个国家或地区在考虑了自然资源与环境因素影响之后经济活动的最终成果，即将经济活动中所付出的资源耗减成本和环境降级成本从 GDP 中予以扣除。

$$GGDP = GDP - EnDC - EcDC - EaC \qquad (9-1)$$

式（9-1）中，GDP 为国内生产总值，EnDC 为环境退化成本，EcDC 为生态破坏成本，EaC 为突发生态环境事件损失。其中，突发生态环境事件损失主要来自各地生态环境部门的统计数据。绿色 GDP 核算框架如图 9-1 所示。

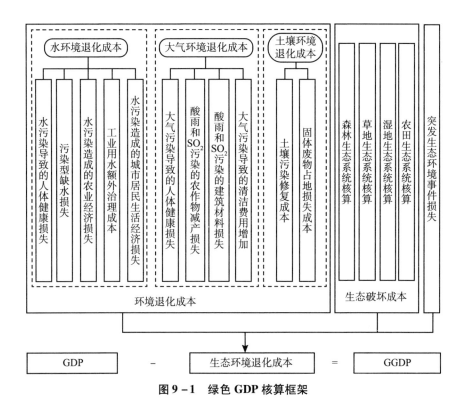

图 9-1 绿色 GDP 核算框架

2. 环境退化成本

环境退化成本包括大气环境、水环境和土壤环境方面的退化成本 [见式（9-2）]。

$$EnDC = EnDCa + EnDCw + EnDCs \qquad (9-2)$$

式（9-2）中，EnDC 为环境退化成本，EnDCa 为大气污染环境退化成本，EnDCw 为水污染环境退化成本，EnDCs 为土壤污染环境退化成本。生态破坏主要核算指标及说明如表 9-3 所示。

表 9 - 3 生态破坏主要核算指标及说明

环境污染	危害终端	实物量核算方法	价值量核算方法	指标说明
大气污染	人体健康损失	剂量反应模型	人力资本法疾病成本法	PM2.5 和臭氧浓度超过健康阈值后，对人体健康产生的过早死亡损失、住院和休工损失、慢性支气管炎导致的失能等损失
	种植业产量损失	剂量反应模型	市场价值法	酸雨和 SO_2 污染导致农作物产量下降的损失
	室外建筑材料腐蚀损失	剂量反应模型	市场价值法防护费用法	酸雨和 SO_2 污染加剧户外各种建筑材料的腐蚀而产生的经济损失
	生活清洁费用增加成本	统计调查法	防护费用法	由于大气污染导致洗车、洗衣和清洁成本增加的损失
水污染	人体健康损失	剂量反应模型	人力资本法疾病成本法	由于饮用不安全饮用水而导致的过早死亡、住院和休工损失
	污染型缺水损失	统计调查法	影子价格法	由于污染导致的水资源短缺损失成本
	污灌造成的农业损失	统计调查法	替代成本法	污水灌溉导致的农业减产和降质损失
	工业废水额外处理成本	统计调查法	防护费用法	由于供水水质超标，需要额外增加预处理设施或添加特殊药剂等产生的治理成本
	水污染引起的家庭洁净水成本	统计调查法	市场价值法	城市居民因担心水污染而增加的家庭纯净水和自来水净化装置的防护成本
土壤污染	农用地土壤污染修复成本	统计调查法	恢复成本法	为修复农用地土壤污染而花费的修复治理成本
	建设用地污染地块修复成本	统计调查法	恢复成本法	为修复建设用地污染地块而花费的土壤修复治理成本
	矿山修复成本	统计调查法	恢复成本法	为修复矿山污染土壤而花费的土壤修复治理成本
	固体废物占地损失	统计调查法	机会成本法	固体废物占用土地产生的土地占用机会成本

资料来源：生态环境部环境规划院。

3. 生态破坏成本

生态破坏成本包括森林生态系统、草地生态系统、农田生态系统和湿地生态系统方面的破坏成本。

$$EcDC = EcDCf + EcDCg + EcDCw + EcDCa \qquad (9-3)$$

式（9-3）中，$EcDCf$ 是森林生态系统破坏损失，$EcDCg$ 是草地生态系统破坏损失，$EcDCw$ 是湿地生态系统破坏损失，$EcDCa$ 是农田生态系统破坏损失。生态破坏主要核算指标及说明如表 9-4 所示。

表 9-4　　　　　　　　　生态破坏主要核算指标及说明

生态系统	生态系统调节服务价值量	破坏率
森林生态系统	固碳释氧、水流动调节、土壤保持、防风固沙、大气净化和气候调节服务价值量	森林超采伐率
草地生态系统	固碳释氧、水流动调节、土壤保持、防风固沙、大气净化、水质净化和气候调节服务价值量	草原人为破坏率
湿地生态系统	固碳释氧、水流动调节、土壤保持、防风固沙、大气净化和气候调节服务价值量	湿地重度威胁比例
农田生态系统	固碳释氧、水流动调节、土壤保持、防风固沙、大气净化和气候调节服务价值量	耕地占有比例

资料来源：生态环境部环境规划院。

在核算生态破坏成本时，生态系统调节服务价值量核算方法参考《陆地生态系统生产总值（GEP）核算技术指南》，森林、草地、湿地破坏率指标来自林草部门，耕地占有率指标来自农业部门。

二、生态系统生产总值（GEP）核算

为了指导和规范陆地生态系统生产总值核算工作，2020 年 9 月，生态环境部环境规划院发布了《陆地生态系统生产总值（GEP）核算技术指南》。生态系统生产总值（GEP）包括三个方面：生态系统物质产品价值（EPV）、生态系统调节服务价值（ERV）和生态系统文化服务

价值（ECV）。

$$GEP = EPV + ERV + ECV \tag{9-4}$$

GEP 核算指标中涉及的物质产品包括农业产品、林业产品、畜牧业产品、渔业产品、生态能源和其他；调节服务包括水源涵养、土壤保持、防风固沙、海岸带防护、洪水调蓄、碳固定、氧气提供、空气净化、水质净化、气候调节和物种保育；文化服务包括休闲旅游和景观价值。

在 GEP 价值核算中，物质产品价值使用市场价值法核算，调节服务价值主要使用替代成本法核算，文化服务价值使用旅行费用法和享乐价格法。

根据生态环境部环境规划院王金南院士团队联合中国环境监测总站，基于 30m 空间分辨率的遥感数据，完成了 2021 年我国 2800 多个县级 GEP 和 GEEP 核算的研究，核算结果可以为省、市、县级行政区的"两山基地"创建、绿色发展考核评估、生态补偿政策制定、生态第四产业发展战略谋划提供参考。[①] 2021 年 GEP 百强县榜如表 9-5 所示。

表 9-5   2021 年 GEP 百强县榜

排名	省份	市	县	GEP（亿元）
1	青海省	玉树藏族自治州	治多县	17968.7
2	青海省	玉树藏族自治州	曲麻莱县	14288.5
3	西藏自治区	那曲市	双湖县	11273.0
4	青海省	海西蒙古族藏族自治州	格尔木市	10392.3
5	青海省	玉树藏族自治州	杂多县	9687.7
6	青海省	果洛藏族自治州	玛多县	7671.1
7	黑龙江省	大兴安岭地区	呼玛县	7476.1
8	西藏自治区	日喀则市	仲巴县	6693.8

① 资料来源：生态环境部环境规划院官网，http://www.caep.org.cn/sy/zhxx/zxdt/202304/t20230417_1026901.shtml。

排名	省份	市	县	GEP（亿元）
9	西藏自治区	阿里地区	改则县	6405.6
10	西藏自治区	那曲市	尼玛县	6153.8
11	西藏自治区	阿里地区	日土县	5991.8
12	内蒙古自治区	锡林郭勒盟	东乌珠穆沁旗	5832.4
13	新疆维吾尔自治区	巴音郭楞蒙古自治州	若羌县	5725.7
14	西藏自治区	那曲市	安多县	5538.6
15	西藏自治区	那曲市	申扎县	5257.2
16	西藏自治区	那曲市	班戈县	4991.6
17	黑龙江省	黑河市	逊克县	3916.4
18	西藏自治区	林芝市	波密县	3802.4
19	黑龙江省	黑河市	嫩江市	3800.1
20	黑龙江省	大兴安岭地区	漠河市	3587.2
21	黑龙江省	大兴安岭地区	塔河县	3513.0
22	甘肃省	甘南藏族自治州	玛曲县	3377.5
23	内蒙古自治区	呼伦贝尔市	鄂伦春自治旗	3205.0
24	青海省	海西蒙古族藏族自治州	天峻县	3135.4
25	西藏自治区	阿里地区	措勤县	3072.3
26	内蒙古自治区	呼伦贝尔市	鄂温克族自治旗	2947.8
27	内蒙古自治区	呼伦贝尔市	新巴尔虎右旗	2944.0
28	新疆维吾尔自治区	和田地区	和田县	2873.2
29	西藏自治区	林芝市	察隅县	2808.1
30	黑龙江省	黑河市	爱辉区	2771.4
31	新疆维吾尔自治区	巴音郭楞蒙古自治州	和静县	2762.9
32	内蒙古自治区	呼伦贝尔市	扎兰屯市	2756.1
33	黑龙江省	佳木斯市	抚远市	2696.6
34	青海省	海南藏族自治州	共和县	2687.5
35	内蒙古自治区	呼伦贝尔市	新巴尔虎左旗	2669.5
36	青海省	果洛藏族自治州	达日县	2505.5

排名	省份	市	县	GEP（亿元）
37	西藏自治区	拉萨市	当雄县	2483.1
38	黑龙江省	鸡西市	密山市	2440.7
39	黑龙江省	鸡西市	虎林市	2384.0
40	黑龙江省	佳木斯市	同江市	2378.3
41	内蒙古自治区	呼伦贝尔市	阿荣旗	2356.8
42	西藏自治区	那曲市	嘉黎县	2335.7
43	西藏自治区	山南市	错那县	2203.2
44	西藏自治区	日喀则市	昂仁县	2173.8
45	新疆维吾尔自治区	克孜勒苏柯尔克孜自治州	阿克陶县	2171.9
46	新疆维吾尔自治区	和田地区	策勒县	2133.5
47	新疆维吾尔自治区	巴音郭楞蒙古自治州	且末县	2061.7
48	新疆维吾尔自治区	喀什地区	叶城县	2016.8
49	黑龙江省	黑河市	五大连池市	1979.5
50	青海省	海西蒙古族藏族自治州	德令哈市	1976.8
51	西藏自治区	山南市	浪卡子县	1893.1
52	黑龙江省	黑河市	北安市	1887.4
53	内蒙古自治区	呼伦贝尔市	陈巴尔虎旗	1871.9
54	西藏自治区	阿里地区	革吉县	1784.2
55	新疆维吾尔自治区	阿勒泰地区	福海县	1754.7
56	内蒙古自治区	阿拉善盟	阿拉善左旗	1742.9
57	青海省	玉树藏族自治州	称多县	1687.6
58	黑龙江省	双鸭山市	宝清县	1666.6
59	西藏自治区	林芝市	墨脱县	1656.6
60	内蒙古自治区	呼伦贝尔市	牙克石市	1646.5
61	青海省	海西蒙古族藏族自治州	都兰县	1615.7
62	内蒙古自治区	锡林郭勒盟	西乌珠穆沁旗	1584.1
63	青海省	海北藏族自治州	刚察县	1566.6
64	内蒙古自治区	通辽市	科尔沁左翼后旗	1544.1

续表

排名	省份	市	县	GEP（亿元）
65	山东省	济宁市	微山县	1514.0
66	新疆维吾尔自治区	阿克苏地区	温宿县	1495.8
67	内蒙古自治区	赤峰市	克什克腾旗	1457.6
68	西藏自治区	日喀则市	定日县	1416.2
69	黑龙江省	佳木斯市	富锦市	1376.8
70	江苏省	苏州市	吴中区	1366.1
71	新疆维吾尔自治区	巴音郭楞蒙古自治州	博湖县	1359.1
72	新疆维吾尔自治区	哈密市	伊州区	1358.7
73	青海省	玉树藏族自治州	玉树市	1341.5
74	西藏自治区	阿里地区	普兰县	1332.3
75	江西省	上饶市	鄱阳县	1288.6
76	黑龙江省	鹤岗市	萝北县	1288.2
77	黑龙江省	双鸭山市	饶河县	1276.4
78	黑龙江省	齐齐哈尔市	富裕县	1274.2
79	青海省	黄南藏族自治州	泽库县	1271.6
80	黑龙江省	大庆市	肇源县	1267.5
81	西藏自治区	日喀则市	吉隆县	1263.1
82	西藏自治区	日喀则市	萨嘎县	1255.8
83	新疆维吾尔自治区	和田地区	于田县	1238.4
84	黑龙江省	宜春市	嘉荫县	1234.8
85	四川省	阿坝藏族羌族自治州	若尔盖县	1223.7
86	西藏自治区	那曲市	色尼区	1218.8
87	内蒙古自治区	通辽市	扎鲁特旗	1212.7
88	甘肃省	张掖市	肃南裕固族自治县	1211.2
89	吉林省	延边朝鲜族自治州	敦化市	1201.9
90	内蒙古自治区	赤峰市	阿鲁科尔沁旗	1179.4
91	云南省	怒江傈僳族自治州	贡山独龙族怒族自治县	1178.0

续表

排名	省份	市	县	GEP（亿元）
92	内蒙古自治区	呼伦贝尔市	额尔古纳市	1166.2
93	西藏自治区	林芝市	工布江达县	1156.8
94	新疆	和田地区	皮山县	1143.7
95	青海省	海北藏族自治州	祁连县	1136.6
96	黑龙江省	齐齐哈尔市	讷河市	1120.0
97	西藏自治区	日喀则市	聂拉木县	1118.2
98	江西省	九江市	都昌县	1097.0
99	吉林省	白城市	镇赉县	1082.6
100	云南省	迪庆藏族自治州	德钦县	1080.2

资料来源：生态环境部环境规划院。

可以看到在以上榜单中，GEP 百强县主要分布在面积大、生态功能突出的省区，如西藏、青海、新疆、甘肃、内蒙古、黑龙江等。我国有的地区生态环境也很好，但没有进入 GEP 百强县原因在于：（1）面积不够大，GEP 百强县面积普遍偏大，如榜首青海省治多县面积多达80642 平方公里；（2）西部地区有着面积庞大的湿地，而湿地生态系统产生的气候调节价值在 GEP 构成中占比较高。

三、经济生态生产总值（GEEP）核算

为了建立和完善生态产品价值实现机制，2020 年 12 月，生态环境部环境规划院制定了《经济生态生产总值（GEEP）核算技术指南（试用）》。

GEEP 是在 GDP 的基础上，考虑人类在经济活动中对生态环境的损害和生态系统给经济系统提供的生态福祉而形成的经济量。生态系统对人类的福祉用 GEP 表示，因 GEP 中的物质产品价值和文化服务价值已在 GDP 中进行过核算，需要予以扣除。

$$GEEP = (GDP - EnDC - EcDC - EaC) + GEP - (EPV + ECV)$$

$$= GGDP + (GEP - EPV - ECV)$$

$$= GGDP + ERV \tag{9-5}$$

在核算结果的政策应用中，可通过绿金指数（GGI）和生态产品初级转化率（PTR）两个指标对区域"绿水青山"和"金山银山"转化关系进行分析（金佩华等，2021）。

$$GGI = GEP/GGDP$$

$$PTV = (EPV + ECV)/GEP \tag{9-6}$$

根据生态环境部环境规划院王金南院士团队联合中国环境监测总站研究结果，2021 年 GEEP 全国百强区县榜结果如表 9-6 所示。

表 9-6   **2021 年 GEEP 百强区县榜**

排名	省份	市	县	GEEP（亿元）
1	青海省	玉树藏族自治州	治多县	17977.3
2	上海市	浦东新区	浦东新区	15300.8
3	青海省	玉树藏族自治州	曲麻莱县	14297.3
4	西藏自治区	那曲市	双湖县	11278.9
5	广东省	东莞市	东莞市	10876.9
6	青海省	海西蒙古族藏族自治州	格尔木市	10719.3
7	青海省	玉树藏族自治州	杂多县	9701.3
8	北京市	海淀区	海淀区	9413.3
9	青海省	果洛藏族自治州	玛多县	7675.7
10	广东省	深圳市	南山区	7618.2
11	北京市	朝阳区	朝阳区	7539.5
12	黑龙江省	大兴安岭地区	呼玛县	7475.7
13	天津市	滨海新区	滨海新区	7095.9
14	西藏自治区	日喀则市	仲巴县	6704.6
15	西藏自治区	阿里地区	改则县	6416.4
16	西藏自治区	那曲市	尼玛县	6164.0

排名	省份	市	县	GEEP（亿元）
17	西藏自治区	阿里地区	日土县	5980.5
18	广东省	广州市	天河区	5959.1
19	内蒙古自治区	锡林郭勒盟	东乌珠穆沁旗	5927.7
20	新疆维吾尔自治区	巴音郭楞蒙古自治州	若羌县	5766.5
21	西藏自治区	那曲市	安多县	5551.6
22	北京市	西城区	西城区	5336.1
23	广东省	深圳市	福田区	5305.9
24	西藏自治区	那曲市	申扎县	5264.5
25	西藏自治区	那曲市	班戈县	5002.1
26	广东省	深圳市	龙岗区	4866.2
27	江苏省	苏州市	昆山区	4852.0
28	江苏省	无锡市	江阴市	4599.8
29	山东省	青岛市	黄岛区	4441.5
30	广东省	深圳市	宝安区	4405.8
31	广东省	佛山市	顺德区	4168.6
32	广东省	广州市	黄埔区	4167.9
33	黑龙江省	黑河市	逊克县	3860.8
34	西藏自治区	林芝市	波密县	3828.9
35	黑龙江省	黑河市	嫩江市	3775.4
36	安徽省	合肥市	蜀山区	3760.6
37	广东省	中山市	中山市	3690.5
38	广东省	佛山市	南海区	3648.6
39	黑龙江省	大兴安岭地区	漠河市	3636.1
40	广东省	广州市	越秀区	3583.1
41	黑龙江省	大兴安岭地区	塔河县	3554.4
42	四川省	成都市	武侯区	3396.9
43	甘肃省	甘南藏族自治州	玛曲县	3378.3
44	青海省	海西蒙古族藏族自治州	天峻县	3163.8

续表

排名	省份	市	县	GEEP（亿元）
45	北京市	东城区	东城区	3153.8
46	江苏省	苏州市	张家港市	3144.9
47	江苏省	常州市	武进区	3083.2
48	西藏自治区	阿里地区	措勤县	3079.9
49	内蒙古自治区	呼伦贝尔市	鄂温克族自治旗	3079.4
50	内蒙古自治区	呼伦贝尔市	鄂伦春自治旗	3078.9
51	内蒙古自治区	呼伦贝尔市	新巴尔虎右旗	3017.8
52	福建省	泉州市	晋江市	2974.9
53	江苏省	南京市	江宁区	2947.8
54	新疆维吾尔自治区	和田地区	和田县	2886.8
55	上海市	黄埔区	黄埔区	2878.6
56	江苏省	苏州市	常熟市	2855.2
57	河南省	郑州市	金水区	2846.9
58	广东省	深圳市	龙华区	2834.4
59	上海市	闵行区	闵行区	2810.4
60	山东省	济南市	历城区	2799.8
61	西藏自治区	林芝市	察隅县	2798.4
62	内蒙古自治区	呼伦贝尔市	扎兰屯市	2779.5
63	新疆维吾尔自治区	巴音郭楞蒙古自治州	和静县	2777.1
64	黑龙江省	黑河市	爱辉区	2734.0
65	青海省	海南藏族自治州	共和县	2733.6
66	江苏省	苏州市	吴中区	2721.7
67	广东省	广州市	番禺区	2687.7
68	上海市	嘉定区	嘉定区	2685.2
69	陕西省	西安市	雁塔区	2685.1
70	内蒙古自治区	呼伦贝尔市	新巴尔虎左旗	2676.5
71	广东省	珠海市	香洲区	2614.3
72	辽宁省	大连市	金州区	2599.1

续表

排名	省份	市	县	GEEP（亿元）
73	黑龙江省	佳木斯市	抚远市	2589.8
74	浙江省	杭州市	余杭区	2584.6
75	广东省	广州市	白云区	2565.4
76	广东省	深圳市	罗湖区	2562.0
77	上海市	静安区	静安区	2540.8
78	西藏自治区	拉萨市	当雄县	2534.2
79	浙江省	宁波市	鄞州区	2531.0
80	青海省	果洛藏族自治州	达日县	2510.8
81	江苏省	无锡市	宜兴市	2482.2
82	江苏省	苏州市	吴江区	2458.6
83	浙江省	宁波市	慈溪市	2452.2
84	黑龙江省	鸡西市	密山市	2432.8
85	上海市	徐汇区	徐汇区	2414.5
86	浙江省	杭州市	上城区	2406.5
87	黑龙江自治区	鸡西市	虎林市	2401.1
88	浙江省	宁波市	北仑区	2396.3
89	广东省	广州市	海珠区	2381.0
90	黑龙江省	佳木斯市	同江市	2352.2
91	西藏自治区	那曲市	嘉黎县	2345.1
92	福建省	福州市	鼓楼区	2345.0
93	湖南省	长沙市	雨花区	2344.1
94	内蒙古自治区	呼伦贝尔市	阿荣旗	2253.3
95	重庆市	渝北区	渝北区	2252.0
96	福建省	厦门市	思明区	2244.8
97	江苏省	无锡市	新吴区	2242.9
98	广东省	广州市	南沙区	2187.4
99	西藏自治区	山南市	错那县	2183.6
100	西藏自治区	日喀则市	昂仁县	2183.1

资料来源：生态环境部环境规划院。

从表9-6可以看出，考虑到生态环境因素和生态系统提供的经济福祉经济量，全国百强县主要位于地域面积大、生态环境好的地区（如西藏、新疆、青海、内蒙古、黑龙江、甘肃等）和经济发展突出的东部沿海地区（如上海、北京、广东、江苏、浙江、山东、福建等）。

主要参考文献

［1］［英］阿诺德·汤因比. 人类与大地母亲：一部叙事体世界历史［M］. 徐波，等译. 上海：上海人民出版社，2016.

［2］［美］艾伦·杜宁. 多少算够——消费社会与地球的未来［M］. 毕聿，译. 长春：吉林人民出版社，1997.

［3］［美］奥尔多·利奥波德. 沙乡年鉴［M］. 侯文蕙，译. 北京：商务印书馆，2016.

［4］［美］巴里·康芒纳. 封闭的循环——自然、人和技术［M］. 侯文蕙，译. 长春：吉林人民出版社，1997.

［5］［美］芭芭拉·沃德，勒内·杜博斯. 只有一个地球——对一个小小行星的关怀和维护［M］.《国外公害丛书》编委会，译. 长春：吉林人民出版社，1997.

［6］毕斗斗. 西方现代服务业的成长路径研究［J］. 广东社会科学，2009（3）.

［7］［法］布封. 自然史［M］. 陈筱卿，译. 南京：译林出版社，2013.

［8］陈墀成，蔡虎堂. 马克思恩格斯生态哲学思想及其当代价值［M］. 北京：中国社会科学出版社，2014.

［9］陈新夏. 人的发展视域中的美好生活需要［J］. 华中科技大学学报（社会科学版），2018（4）.

［10］春秋繁露［M］. 程郁，注译. 长沙：岳麓书社，2019.

［11］［美］戴斯·贾丁斯. 环境伦理学［M］. 林官明，杨爱民，译. 北京：北京大学出版社，2002.

［12］戴敏，徐士媛，罗小春. 青山变银行 林农成股东［N］. 福

建日报，2024 - 08 - 04（2）.

[13]［英］戴维·佩珀. 生态社会主义：从深生态学到社会正义［M］. 刘颖，译. 济南：山东大学出版社，2012.

[14]［美］丹尼斯·米都斯，等. 增长的极限——罗马俱乐部关于人类困境的报告［M］. 李宝恒，译. 长春：吉林人民出版社，1997.

[15] 邓翠华，陈墀成. 中国工业化进程中的生态文明建设［M］. 北京：社会科学文献出版社，2015.

[16]［法］弗朗索瓦·佩鲁. 新发展观［M］. 张宁，丰子义，译. 北京：华夏出版社，1987.

[17] 高世楫，俞敏. GEP 核算是基础，应用是关键［N］. 学习时报，2021 - 09 - 29（7）.

[18]［汉］高诱注，［清］毕沅校. 吕氏春秋［M］. 上海：上海古籍出版社，2014.

[19] 葛翁. 那些因生态而衰落的文明［J］. 绿色中国，2021（4）.

[20] 管子［M］. 李山，译注. 北京：中华书局，2016.

[21] 韩非子［M］. 高华平，王齐洲，张三夕，译注. 北京：中华书局，2016.

[22]［美］赫尔曼·E. 达利，小约翰·B. 柯布. 21 世纪生态经济学［M］. 王俊，韩冬筠，译. 北京：中央编译出版社，2015.

[23] 淮南子［M］. 陈广忠，译注. 北京：中华书局，2016.

[24] 郇庆治. 生态文明建设与人类命运共同体构建［J］. 中央社会主义学院学报，2019（4）.

[25]［美］霍尔姆斯·罗尔斯顿Ⅲ. 哲学走向荒野［M］. 刘耳，叶平，译. 长春：吉林人民出版社，2000.

[26]［加］威廉·莱斯. 自然的控制［M］. 岳长岭，李建华，译. 重庆：重庆出版集团，重庆出版社，2007.

[27] 金佩华，杨建初，贾行骎. "绿水青山就是金山银山"理念与实践教程［M］. 北京：中共中央党校出版社，2021.

[28]［哥斯］克里斯蒂安娜·菲格雷斯，［英］汤姆·里维特－卡

纳克. 我们选择的未来——"碳中和"公民行动指南 [M]. 王彬彬,译. 北京：中信出版社，2021.

[29] [美] 莱斯特·R. 布朗. 生态经济 [M]. 林自新，戢守志,等译. 北京：东方出版社，2002.

[30] 老子 [M]. 饶尚宽，译注. 北京：中华书局，2016.

[31] [美] 蕾切尔·卡逊. 寂静的春天 [M]. 吕瑞兰，李长生，译.长春：吉林人民出版社，1997.

[32] 李建民，郑蓉. 探索森林"四库"价值的实现路径——以福建竹林为例 [J]. 发展研究，2023 (1).

[33] 李兰兰，梁雪，李晶昌，等. 中国大气污染防治政策与空气污染治理——基于城市级面板数据的实证研究 [J]. 生态经济，2024(3).

[34] 李培林. 坚持以人民为中心的新发展理念 [M]. 北京：中国社会科学出版社，2019.

[35] 李颖，张蕊，周丽珠，等. 浙江安吉：绿水青山就是金山银山 [J]. 中国财政，2021 (2).

[36] 列子 [M]. 景中，译注. 北京：中华书局，2007.

[37] 刘毅. 林草兴则生态兴 [N]. 人民日报，2022 – 06 – 02 (6).

[38] 论语新注新译 [M]. 杜道生，注译. 北京：中华书局，2011.

[39] 马克思恩格斯全集（第三卷）[M]. 北京：人民出版社，2002.

[40] 马克思恩格斯全集（第四十六卷）[M]. 北京：人民出版社，2003.

[41] 马克思恩格斯全集（第四十四卷）[M]. 北京：人民出版社，2001.

[42] 马克思恩格斯全集（第一卷）[M]. 北京：人民出版社，1995.

[43] 马克思恩格斯文集（1 – 10 卷）[M]. 北京：人民出版社，

2009.

[44] 孟健军．城镇化过程中的环境政策实践——日本的经验教训[M]．北京：商务印书馆，2014.

[45] 孟子 [M]．万丽华，蓝旭，译注．北京：中华书局，2016.

[46] 牛翠娟，娄安如，孙儒泳，等．基础生态学（第3版）[M]．北京：高等教育出版社，2015.

[47] 欧阳志云，郑华．让青藏高原成为更好的生态安全屏障 [N]．光明日报，2022－05－22（5）.

[48] [美] 奇普·雅各布斯，威廉·凯莉．洛杉矶雾霾启示录 [M]．曹军骥，等译．上海：上海科学技术出版社，2014.

[49] 钱俊生，余谋昌．生态哲学 [M]．北京：中共中央党校出版社，2004.

[50] [英] 乔纳森·休斯．生态与历史唯物主义 [M]．张晓琼，侯晓滨，译．南京：江苏人民出版社，2011.

[51] [法] 让－雅克·卢梭．社会契约论 [M]．陈阳，译．杭州：浙江文艺出版社，2016.

[52] 沈月娣，俞栋．"两山议事会"：基层协商民主的"余村样本" [N]．光明日报，2020－08－08（7）.

[53] 世界环境与发展委员会．我们共同的未来 [M]．王之佳，柯金良，等译．长春：吉林人民出版社，1997.

[54] 孙佑海．我国70年环境立法：回顾、反思与展望 [J]．中国环境管理，2019（6）.

[55] 覃冰玉．中国式生态政治：基于近年来环境群体性事件的分析 [J]．东北大学学报（社会科学版），2015（5）.

[56] 陶良虎，刘光远，肖卫康．美丽中国——生态文明建设的理论与实践 [M]．北京：人民出版社，2014.

[57] 田鹏颖，崔菁颖．"绿水青山论"的哲学蕴境和路径选择 [J]．思想战线，2022（2）.

[58] 王丹．生态兴则文明兴　生态衰则文明衰 [N]．光明日报，

2015 - 05 - 08（2）.

[59] 王金南，苏洁琼，万军 . "绿水青山就是金山银山" 的理论内涵及其实现机制创新 [J]. 环境保护，2017（11）.

[60] 王雨辰，李芸 . 我国学术界对生态文明理论研究的回顾与反思 [J]. 马克思主义与现实，2020（3）.

[61] 王正平 . 环境哲学——环境伦理的跨学科研究 [M]. 上海：上海教育出版社，2014.

[62][德] 乌尔里希·布兰德，马尔库斯·威森 . 资本主义自然的限度：帝国式生活方式的理论阐释及其超越 [M]. 郇庆治，等编译 . 北京：中国环境出版集团，2019.

[63] 郇焕庆 . "千万工程" 塑造美丽乡村 [J]. 中国产经，2023（10）.

[64] 吴光，钱明，董平，等 . 王阳明全集 [M]. 上海：上海古籍出版社，2012.

[65] 习近平 . 干在实处　走在前列——推进浙江新发展的思考与实践 [M]. 北京：中共中央党校出版社，2006.

[66] 习近平 . 论坚持人与自然和谐共生 [M]. 北京：中央文献出版社，2022.

[67] 习近平 . 之江新语 [M]. 杭州：浙江人民出版社，2007.

[68] 肖显静 . 环境与社会——人文视野中的环境问题 [M]. 北京：高等教育出版社，2006.

[69] 肖显静 . 生态哲学读本 [M]. 北京：金城出版社，2014.

[70] 荀子 [M]. 安小兰，译注 . 北京：中华书局，2007.

[71] 杨建初，刘亚迪，刘玉莉 . 碳达峰、碳中和知识解读 [M]. 北京：中信出版社，2021.

[72] 杨文衡 . 易学与生态环境 [M]. 北京：中国书店，2003.

[73] 尹怀斌 . 从 "余村现象" 看 "两山" 重要思想及其实践 [J]. 自然辩证法研究，2017（7）.

[74][美] 尤金·奥德姆，加里·巴雷特 .《生态学基础》（第五

版）［M］.陆健健，王伟，等译.北京：高等教育出版社，2009.

［75］余谋昌.生态哲学［M］.西安：陕西人民教育出版社，2000.

［76］［美］约翰·巴拉米·福斯特.生态危机与资本主义［M］.耿建新，宋兴无，译.上海：上海译文出版社，2006.

［77］［英］约翰·洛克.政府论——论政府的真正起源、范围和目的［M］.叶启芳，瞿菊农，译.北京：商务印书馆，2010.

［78］中共浙江省委宣传部．"绿水青山就是金山银山"理论研究与实践探索［M］.杭州：浙江人民出版社，2015.

［79］中共中央党校采访实录编辑室.习近平在浙江（上）［M］.北京：中共中央党校出版社，2021.

［80］中共中央关于党的百年奋斗重大成就和历史经验的决议［M］.北京：人民出版社，2021.

［81］中共中央文献研究室.习近平关于社会主义生态文明建设论述摘编［M］.北京：中央文献出版社，2017.

［82］中共中央宣传部，中华人民共和国生态环境部.习近平生态文明思想学习纲要［M］.北京：学习出版社，人民出版社，2022.

［83］中国长期低碳发展战略与转型路径研究课题组、清华大学气候变化与可持续发展研究院.读懂碳中和——中国 2020 - 2050 年低碳发展行动路线图［M］.北京：中信出版集团，2021.

［84］周易［M］.杨天才，译注.北京：中华书局，2016.

［85］朱熹.四书章句集注［M］.北京：中华书局，1983.

［86］邹冬生，高志强.生态学概论［M］.长沙：湖南科学技术出版社，2007.

［87］A H Y，A Q T，A H Z，et al. Exploring the Impact of Techno-logical Innovation，Environmental Regulations and Urbanization on Ecological Efficiency of China in the Context of COP21 ［J］. *Journal of Environmental Management*，2020（274）.

［88］Fernando S. Consumer Behavior and Sustainable Development in China：The Role of Behavioral Sciences in Environmental Policymaking ［J］.

Sustainability, 2016 (9).

[89] Foster J B. *Ecology Against Capitalism* [M]. New York: Monthly Review Press, 2002.

[90] Foster J B. *Marx's Ecology: Materialism and Nature* [M]. New York: Monthly Review Press, 2000.

[91] Grundmann R. *Marxism and Ecology* [M]. Oxford: Clarendon Press, 1991.

[92] Justus J. *The Philosophy of Ecology: An Introduction* [M]. Cambridge: Cambridge University Press, 2021.

[93] Leiss W. *The Limits to Satisfaction: An Essay on the Problem of Needs and Commodities* [M]. Kingston and Montreal: McGill-Queen's University Press, 1988.

[94] Molles Jr M C. *Ecology: Concepts and Applications* [M]. New York: The McGraw-Hill Companies, 2010.

[95] Parsons H L. *Marx and Engels on Ecology* [M]. Westport: Greenwood Press, 1977.

附录

"绿水青山就是金山银山"
实践创新基地名单

为深入贯彻习近平生态文明思想，积极探索"绿水青山就是金山银山"有效转化路径，生态环境部命名了部分地区为"绿水青山就是金山银山"实践创新基地，并发文公告（见附表）。

附表　　　"绿水青山就是金山银山"实践创新基地名单

第一批（2017 年）	
河北省	塞罕坝机械林场
山西省	右玉县
江苏省	泗洪县
浙江省	湖州市、衢州市、安吉县
安徽省	旌德县
福建省	长汀县
江西省	靖安县
广东省	东源县
四川省	九寨沟县
贵州省	贵阳市乌当区
陕西省	留坝县
第二批（2018 年）	
北京市	延庆区
内蒙古自治区	杭锦旗库布齐沙漠亿利生态示范区
吉林省	前郭尔罗斯蒙古族自治县

续表

第二批（2018 年）	
浙江省	丽水市、温州市洞头区
江西省	婺源县
山东省	蒙阴县
河南省	栾川县
湖北省	十堰市
广西壮族自治区	南宁市邕宁区
海南省	昌江黎族自治县王下乡
重庆市	武隆区
四川省	巴中市恩阳区
贵州省	赤水市
云南省	腾冲市、红河州元阳哈尼梯田遗产区
第三批（2019 年）	
北京市	门头沟区
天津市	蓟州区
内蒙古自治区	阿尔山市
辽宁省	凤城市大梨树村
吉林省	集安市
江苏省	徐州市贾汪区
浙江省	宁海县、新昌县
安徽省	岳西县
江西省	井冈山市、崇义县
山东省	长岛县
河南省	新县
湖北省	保康县尧治河村
湖南省	资兴市
广东省	深圳市南山区
广西壮族自治区	金秀瑶族自治县
四川省	稻城县

续表

第三批（2019 年）	
贵州省	兴义市万峰林街道
云南省	贡山独龙族怒族自治县
西藏自治区	隆子县
陕西省	镇坪县
甘肃省	古浪县八步沙林场
第四批（2020 年）	
北京市	密云区、怀柔区
天津市	西青区王稳庄镇
河北省	石家庄市井陉县
山西省	长治市沁源县
内蒙古自治区	巴彦淖尔市乌兰布和沙漠治理区、兴安盟科尔沁右翼中旗
辽宁省	本溪市桓仁满族自治县
吉林省	白山市抚松县
江苏省	常州市溧阳市、盐城市盐都区
浙江省	杭州市淳安县
安徽省	芜湖市湾沚区、六安市霍山县
福建省	漳州市东山县、泉州市永春县
江西省	景德镇市浮梁县
山东省	青岛市莱西市、潍坊峡山生态经济开发区、威海市环翠区威海华夏城
河南省	信阳市光山县
湖北省	十堰市丹江口市
湖南省	张家界市永定区
广东省	江门市开平市
广西壮族自治区	桂林市龙胜各族自治县
重庆市	南岸区广阳岛
四川省	巴中市平昌县
贵州省	贵阳市观山湖区
云南省	丽江市华坪县、楚雄彝族自治州大姚县

第四批（2020 年）	
陕西省	安康市平利县
甘肃省	庆阳市华池县南梁镇
宁夏回族自治区	石嘴山市大武口区
新疆维吾尔自治区	伊犁哈萨克自治州霍城县
新疆生产建设兵团	第九师 161 团
第五批（2021 年）	
北京市	平谷区
天津市	西青区辛口镇
上海市	金山区漕泾镇
河北省	承德市隆化县、承德市围场满族蒙古族自治县
山西省	晋城市沁水县、临汾市蒲县
内蒙古自治区	兴安盟、呼伦贝尔市根河市
辽宁省	朝阳市喀喇沁左翼蒙古族自治县
吉林省	通化市梅河口市
黑龙江省	佳木斯市抚远市
江苏省	南通市崇川区、扬州市广陵区
浙江省	宁波市北仑区、温州市文成县
安徽省	六安市金寨县
福建省	三明市将乐县、南平市武夷山市
江西省	抚州市资溪县
山东省	德州市乐陵市、济南市莱芜区房干村
河南省	安阳市林州市、南阳市邓州市一二三产融合发展试验区
湖北省	恩施土家族苗族自治州、宜昌市五峰土家族自治县
湖南省	长沙市浏阳市、常德市桃花源旅游管理区
广东省	深圳市大鹏新区、梅州市梅县区
广西壮族自治区	河池市巴马瑶族自治县
海南省	白沙黎族自治县
重庆市	北碚区、渝北区

第五批（2021 年）	
四川省	雅安市荥经县、甘孜藏族自治州泸定县
贵州省	铜仁市江口县太平镇
云南省	文山壮族苗族自治州西畴县
西藏自治区	拉萨市柳梧新区达东村
陕西省	宝鸡市凤县、汉中市佛坪县、商洛市柞水县
甘肃省	张掖市临泽县
青海省	黄南藏族自治州河南蒙古族自治县、海南藏族自治州贵德县
宁夏回族自治区	固原市泾源县、银川市西夏区镇北堡镇
新疆维吾尔自治区	阿克苏地区温宿县
新疆生产建设兵团	第三师图木舒克市四十一团草湖镇
第六批（2022 年）	
北京市	丰台区
天津市	滨海新区中新天津生态城
河北省	石家庄市赞皇县、邯郸市复兴区
山西省	长治市平顺县、运城市芮城县
内蒙古自治区	巴彦淖尔市五原县、锡林郭勒盟乌拉盖管理区
辽宁省	沈阳市棋盘山地区
吉林省	通化市辉南县
黑龙江省	佳木斯市汤原县
上海市	闵行区马桥镇
江苏省	南京市高淳区、泰州市姜堰区
浙江省	杭州市桐庐县、丽水市庆元县
安徽省	安庆市潜山市、黄山市歙县、六安市舒城县
福建省	莆田市木兰溪流域、南平市邵武市
江西省	九江市武宁县、宜春市铜鼓县
山东省	威海市好运角、德州市齐河县
河南省	驻马店市泌阳县
湖北省	十堰市武当山旅游经济特区、宜昌市环百里荒乡村振兴试验区

第六批（2022 年）	
湖南省	长沙市长沙县、怀化市靖州苗族侗族自治县、永州市金洞管理区
广东省	深圳市龙岗区、茂名市化州市
广西壮族自治区	贺州市富川瑶族自治县
海南省	保亭黎族苗族自治县
重庆市	巫山县
四川省	乐山市沐川县、阿坝藏族羌族自治州汶川县
贵州省	贵阳市花溪区
云南省	普洱市景东彝族自治县
西藏自治区	林芝市巴宜区
陕西省	宝鸡市麟游县、汉中市宁强县、安康市岚皋县
甘肃省	陇南市两当县
青海省	海东市平安区、海西蒙古族藏族自治州乌兰县茶卡镇
宁夏回族自治区	宁夏贺兰山东麓葡萄酒产业园区、固原市隆德县
新疆维吾尔自治区	阿勒泰地区布尔津县
新疆生产建设兵团	第四师 71 团
第七批（2023 年）	
北京市	昌平区
天津市	宝坻区潮白新河流域
河北省	唐山市迁西县、秦皇岛市北戴河区
山西省	太原西山生态文化旅游示范区、晋中市左权县
内蒙古自治区	呼和浩特市新城区、赤峰市喀喇沁旗
辽宁省	铁岭市西丰县
吉林省	白山市中部生态经济区
黑龙江省	鸡西市虎林市、大兴安岭地区漠河市
上海市	浦东新区航头镇
江苏省	无锡市宜兴市、苏州市吴中区
浙江省	杭州市临安区、金华市义乌市
安徽省	池州市石台县、宣城市绩溪县

第七批（2023 年）	
福建省	南平市松溪县、宁德市周宁县
江西省	赣州市石城县、宜春市奉新县
山东省	济南市历下区、潍坊市青州市
河南省	洛阳市宜阳县
湖北省	十堰市竹山县、黄冈市罗田县
湖南省	长沙市雨花区圭塘河流域、湘西土家族苗族自治州花垣县十八洞村
广东省	韶关市仁化县、清远市连南瑶族自治县
广西壮族自治区	来宾市忻城县
海南省	三亚市崖州区、五指山市水满乡
重庆市	忠县三峡橘乡田园综合体
四川省	天府新区直管区、甘孜藏族自治州丹巴县
贵州省	贵州省赤水河流域茅台酒地理标志保护生态示范区、遵义市湄潭县
云南省	普洱市澜沧拉祜族自治县景迈山、德宏傣族景颇族自治州盈江县
西藏自治区	拉萨市当雄县、日喀则市定结县陈塘镇
陕西省	延安市安塞区、安康市石泉县
甘肃省	平凉市崇信县、甘南藏族自治州舟曲县
青海省	海南藏族自治州同德县、玉树藏族自治州玉树市
宁夏回族自治区	银川市永宁县闽宁镇
新疆维吾尔自治区	伊犁哈萨克自治州尼勒克县喀什河中下游
新疆生产建设兵团	第二师 34 团

后　记

　　书稿即将付梓，阐释一下自己研究"绿水青山就是金山银山"理念的些许体会，以方便读者更好地理解本书的内容或创作意图。

　　其一，"绿水青山就是金山银山"理念的产生不是偶然的，它有着深刻的社会历史背景与理论渊源，不明晰这一点就难以窥见该理念的创新之处。也就是说，它顺应时代而生又吸收古今中外相关理论之精髓，所以其内容才深刻而伟大。

　　其二，我们要站在历史发展的角度去看待"绿水青山就是金山银山"理念。该理念的提出有其历史必然性（人们关于绿水青山与金山银山之间的辩证发展关系的规律性认识是一个长期过程），有很强的现实性，但我们不能因此而简单否定掉过去的发展成果、发展模式。当然，如果能在2005年之前就能广泛认识到该思想的内容，我们在实践中会少走一些弯路，但历史不能假设，历史发展的规律也绝非轻易即可获知。

　　其三，"绿水青山就是金山银山"理念不仅属于生态文明建设理论，同时亦属于中国特色社会主义政治经济学的理论。它与共同富裕、乡村振兴、新型城镇化紧密相关。它处处体现以人民为中心，把高质量发展与人民群众增收、人民群众幸福指数提高结合起来，它强调动员全社会的力量来推进绿色循环低碳发展。在"绿水青山就是金山银山"理念践行中，我们也看到了"社会资本"的力量，对于"社会资本"我们在本书中对其持有中性的评价，因为它可以促进"两座山"转化、增加就业和政府税收，符合"三个有利于"标准，符合当前人民发展利益。

　　本书在写作与修改的过程中，得到了中国人民大学张云飞教授、上海交通大学陆群峰副教授以及工作单位吴凡明院长、李长成教授的指教，在此表示感谢。

感谢经济科学出版社对本书的认可，同时也感谢对本书修改提出意见和建议的相关编辑。

"绿水青山就是金山银山理念"理论与实践涉及哲学、马克思主义理论、经济学、管理学等诸多学科，内容博大精深，鉴于本人学识与能力水平有限，书中难免有不当之处，敬请读者不吝指正！